T0128047

essentials

essentials liefern aktuelles Wissen in konzentrierter Form. Die Essenz dessen, worauf es als „State-of-the-Art" in der gegenwärtigen Fachdiskussion oder in der Praxis ankommt. *essentials* informieren schnell, unkompliziert und verständlich

- als Einführung in ein aktuelles Thema aus Ihrem Fachgebiet
- als Einstieg in ein für Sie noch unbekanntes Themenfeld
- als Einblick, um zum Thema mitreden zu können

Die Bücher in elektronischer und gedruckter Form bringen das Fachwissen von Springerautor*innen kompakt zur Darstellung. Sie sind besonders für die Nutzung als eBook auf Tablet-PCs, eBook-Readern und Smartphones geeignet. *essentials* sind Wissensbausteine aus den Wirtschafts-, Sozial- und Geisteswissenschaften, aus Technik und Naturwissenschaften sowie aus Medizin, Psychologie und Gesundheitsberufen. Von renommierten Autor*innen aller Springer-Verlagsmarken.

Weitere Bände in der Reihe http://www.springer.com/series/13088

Helmut Günther

Tachyonen

Partikel mit Überlichtgeschwindigkeit in Einsteins Relativitätstheorie

Helmut Günther
Berlin, Deutschland

ISSN 2197-6708 ISSN 2197-6716 (electronic)
essentials
ISBN 978-3-658-33644-8 ISBN 978-3-658-33645-5 (eBook)
https://doi.org/10.1007/978-3-658-33645-5

Die Deutsche Nationalbibliothek verzeichnet diese Publikation in der Deutschen Nationalbibliografie; detaillierte bibliografische Daten sind im Internet über http://dnb.d-nb.de abrufbar.

© Der/die Herausgeber bzw. der/die Autor(en), exklusiv lizenziert durch Springer Fachmedien Wiesbaden GmbH, ein Teil von Springer Nature 2021
Das Werk einschließlich aller seiner Teile ist urheberrechtlich geschützt. Jede Verwertung, die nicht ausdrücklich vom Urheberrechtsgesetz zugelassen ist, bedarf der vorherigen Zustimmung der Verlage. Das gilt insbesondere für Vervielfältigungen, Bearbeitungen, Übersetzungen, Mikroverfilmungen und die Einspeicherung und Verarbeitung in elektronischen Systemen.
Die Wiedergabe von allgemein beschreibenden Bezeichnungen, Marken, Unternehmensnamen etc. in diesem Werk bedeutet nicht, dass diese frei durch jedermann benutzt werden dürfen. Die Berechtigung zur Benutzung unterliegt, auch ohne gesonderten Hinweis hierzu, den Regeln des Markenrechts. Die Rechte des jeweiligen Zeicheninhabers sind zu beachten.
Der Verlag, die Autoren und die Herausgeber gehen davon aus, dass die Angaben und Informationen in diesem Werk zum Zeitpunkt der Veröffentlichung vollständig und korrekt sind. Weder der Verlag, noch die Autoren oder die Herausgeber übernehmen, ausdrücklich oder implizit, Gewähr für den Inhalt des Werkes, etwaige Fehler oder Äußerungen. Der Verlag bleibt im Hinblick auf geografische Zuordnungen und Gebietsbezeichnungen in veröffentlichten Karten und Institutionsadressen neutral.

Planung/Lektorat: Margit Maly
Springer Spektrum ist ein Imprint der eingetragenen Gesellschaft Springer Fachmedien Wiesbaden GmbH und ist ein Teil von Springer Nature.
Die Anschrift der Gesellschaft ist: Abraham-Lincoln-Str. 46, 65189 Wiesbaden, Germany

Was Sie in diesem *Essential* finden können

- Wir analysieren die Stellung der Lichtgeschwindigkeit
- Wir erklären die physikalischen Parameter von Teilchen und Tachyonen
- Wir beschreiben die Wechselwirkungen von Teilchen und Tachyonen
- Wir analysieren insbesondere unelastische Stöße von Tachyonen
- Wir erklären den Unterschied zwischen Korrelation und Wechselwirkung
- Wir fragen, was Tachyonen für die Kausalität bedeuten
- Wir geben eine Erklärung für das Einstein-Podolsky-Rosen Paradoxon
- Und wir verstehen die berühmte Geschichte mit Schrödingers Katze

Vorwort

G. Feinberg hat Anfang 1967 mit seiner Arbeit in Physical Review „Possibility of Faster-Than-Light Particles“ den Begriff der Tachyonen[1] aus der Taufe gehoben, wobei er zugleich eine Quantentheorie dieser hypothetischen Teilchen vorgestellt hat. Diese Arbeit bespricht ferner in einer umfassenden Diskussion deren Beobachtungsmöglichkeiten, Kausalitätsfragen und Wechselwirkungen mit Tachyonen. In Kap. 5 weisen wir noch einmal besonders darauf hin. 1974 wurde durch H.-J. Treder das Tachyonenproblem aufgegriffen und hinsichtlich der Kausalitätsfrage untersucht. Und 2005 hat D.-E. Liebscher seltsame Eigenschaften von Tachyonen zusammengetragen. Ferner greifen wir die Ausführungen von G. Eilenberger (1981) auf, dass es nämlich Lösungen der sog. sine-Gordon Gleichung auf einer Gitterstruktur gibt, welche wir als „Quasitachyonen“ bezeichnen können, ebenso wie wir bei lokalisierten Solitonenlösungen dieser Gleichung von Quasiteilchen in einem Gitter sprechen, Abschn. 5.3.

Wir zeigen zunächst, dass Tachyonen mit dem Formalismus der Speziellen Relativitätstheorie vereinbar sind. Aber, gibt es diese Teilchen wirklich, können wir sie also experimentell nachweisen? Gibt es eine Wechselwirkung dieser Tachyonen mit den „normalen“ Teilchen, also solchen, die eine relle Ruhmasse besitzen? Im Rahmen der Mechanik untersuchen wir Stoßprozesse von Teilchen und Tachyonen und fragen, ob Tachyonen Signale übertragen können und was das für die Kausalität bedeuten würde. Bei den unelastischen Stößen mit Tachyonen werden wir in diesem Zusammenhang mit weitreichenden Konsequenzen konfrontiert. Wir untersuchen den Unterschied der Begriffe Korrelation und Wechselwirkung. Am Ende besprechen wir das berühmte „Einstein-Podolsky-Rosen

[1] altgriechisch: ταχύς = schnell.

Paradoxon" und zeigen, wie dies mit dem Begriff der Tachyonen verstanden werden kann. Anders verhält es sich mit „Schrödingers Katze", das wohl mit den meisten Emotionen beladene Paradoxon, welches die Quantentheorie zu Fall bringen sollte. Hierzu geben wir in Ergänzung zu unserer eigentlichen Thematik eine Darstellung, bei welcher das vermeintliche Paradoxon gar nicht erst entsteht.

E. Liebscher vom Leibniz-Institut für Astrophysik in Potsdam danke ich für ergiebige und hilfreiche Diskussionen zur Tachyonenfrage. Meiner Frau Christina Gunther danke ich für die Bereitstellung ihrer Portraits von A. Einstein, I. Newton und O. Rømer. Frau Margit Maly vom Verlagshaus Springer Wiesbaden danke ich sehr für hilfreiche Anmerkungen zur Bearbeitung von Kap. 5.

Berlin
im Februar 2021

Helmut Günther

Inhaltsverzeichnis

1 Die Lichtgeschwindigkeit

Der dänische Astronom Ole Christensen Rømer, Abb. 1.1, beobachtete die Verfinsterung eines Jupitermondes durch den Eintritt in den Schatten seines Planeten. Nach einem halben Jahr, als sich die Erde um den Durchmesser ihrer Bahn um die Sonne, das sind etwa $3 \cdot 10^8$ km, vom Jupiter entfernt hatte, trat die vorausberechnete Verfinsterung ca. 1000 s später ein. Das ist die Zeit, die das Licht braucht, um diese Entfernung zurückzulegen. Damit hatte Rømer (1676) erstmals überhaupt gezeigt, dass das Licht eine endliche Geschwindigkeit besitzt, um Distanzen zu überwinden. Rømer gab selbst keinen numerischen Wert für die Lichtgeschwindigkeit an. Er machte nur eine ungefähre Aussage, für die im Brockhaus abc Physik (1972) der folgende Wert angegeben wird,

$$c = 214\,300\,\mathrm{km\,s^{-1}} \;. \qquad \text{Schätzwert der Lichtgeschwindigkeit nach Rømer} \tag{1.1}$$

Genauere Angaben über die Lichtgeschwindigkeit bei Rømer werden dadurch erschwert, dass die meisten seiner Protokolle später verbrannt sind, Greiner und Rafelski (1992). Siehe auch B. Cohen (1940), Günther und Müller (2013) sowie die detaillierte historische Darstellung von Bleyer et al. (1979).

Eine erstaunlich einfache Idee zur terrestrischen Bestimmung der Lichtgeschwindigkeit hat Fizeau angegeben. Dabei wird ein Lichtstrahl durch die Lücke eines rotierenden Zahnrades geschickt und im Originalversuch nach 8,6 km reflektiert. Wenn die Zeit, die das Licht auf seinem Hin- und Rückweg braucht, gerade so groß ist, um auf die nächste Lücke zu treffen, folgt aus der Geschwindigkeit des Zahnrades und dem Lichtweg wieder die Lichtgeschwindigkeit, s. z. B. Gerthsen (2015).

© Der/die Autor(en), exklusiv lizenziert durch Springer Fachmedien Wiesbaden GmbH, ein Teil von Springer Nature 2021

H. Günther, *Tachyonen*, essentials, https://doi.org/10.1007/978-3-658-33645-5_1

Abb. 1.1 Ole Christensen Rømer, Århus 25. 9. 1644, † Kopenhagen 19. 9. 1710. Portrait nach einer Arbeit von Christina Günther, Mischtechnik 2020

Der numerische Wert der Lichtgeschwindigkeit wird heute angegeben mit

$$c = 299\,792\,458\,\mathrm{ms}^{-1} \; . \qquad \text{Vakuum-Lichtgeschwindigkeit} \qquad (1.2)$$

Aber welches ist der Mechanismus, nach dem sich die Lichtwellen durch den Raum ausbreiten. Die naheliegende Vorstellung war die, dass man annahm, der Raum sei von einem Äther erfüllt, in dem sich die Lichtwellen ebenso fortpflanzen wie z. B. der Schall durch die Luft.

Die experimentellen Versuche zum Nachweis dieses Äthers reichten vom 19. bis lange in das 20. Jahrhundert. So raffiniert die Experimente auch angelegt waren, allen voran der berühmte Michelson-Versuch, vgl. z. B. Günther (2005, 2013) und Günther und Müller (2019), es ließ sich nie auch nur der geringste Hauch eines solchen Äthers nachweisen. Maxwell hat Zeit seines Lebens an diesen Äther geglaubt, Einstein bis 1901. Einsteins Lösung dieses Problems 1905 in den Annalen der Physik besprechen wir in Kap. 4. Und wir werden verstehen, warum sich das Licht mit einer Grenzgeschwindigkeit ausbreitet, die nicht übersprungen werden kann, s. Einstein (1958) und (2009).

2 Koordinaten und Geschwindigkeiten

Für unsere Orientierung in der Welt müssen wir die Ereignisse, die wir beobachten, möglichst einfach und nachprüfbar beschreiben. Dazu führen wir Orts- und Zeitkoordinaten ein.

Wir brauchen ein Maß für die Länge und ein Maß für die Zeit.

Das Meter war ursprünglich als der vierzigmillionste Teil des Erdumfanges eingeführt worden. Der Meterstab kann durch einen Abgleich mit dem Prototyp des sog. Urmeters realisiert werden, der in Paris aufbewahrt wird. Heute wird das Meter über den Wert der in Gl. (1.2) angegebenen Lichtgeschwindigkeit bestimmt, deren Wert als fixe Normgröße eingeführt wurde.

Ein natürliches Maß für die Zeit liefern die 24 h der Erdumdrehung. Das sind dann $24 \cdot 60 \cdot 60 = 864.00\,\mathrm{s}$. Das Präzisionsmaß für die Zeit wird heute durch die in der Physikalisch-Technischen Bundesanstalt von Braunschweig stehende Atomuhr geliefert.

Auf den rechtwinkligen Achsen, die z. B. von einer Ecke unseres Laboratoriums ausgehen, tragen wir nun mit einem Meterstab die Marken für die Längenmessung ab. Die sog. kartesischen Koordinaten $\mathbf{x_0} = (x_0, y_0, z_0)$ eines Punktes sind dann dessen Projektionen auf die Achsen. Die Ecke ist der Koordinatenursprung mit den Werten (0, 0, 0), Abb. 2.1.

Und wir versorgen uns mit hinreichend vielen Uhren, die wir alle am Koordinatenursprung auf der Stellung (t = 0) in Gang setzen und dann über den Raum verteilen. Darauf kommen wir gleich zurück.

Die Bewegung einer Masse m beschreiben wir durch $\mathbf{x} = (x(t), y(t), z(t))$ mit der Geschwindigkeit $\mathbf{u} = \dfrac{d\mathbf{x}}{dt} = \left(\dfrac{dx}{dt}, \dfrac{dy}{dt}, \dfrac{dz}{dt}\right)$.

Wir wollen sicherstellen, dass einfache Bewegungen auch einfach beschrieben werden. Ein Körper, auf den keine Kräfte wirken, soll sich geradlinig und gleichförmig bewegen. D. h., wir suchen ein Bezugssystem, in dem das gilt. Nun ist das

© Der/die Autor(en), exklusiv lizenziert durch Springer Fachmedien Wiesbaden GmbH, ein Teil von Springer Nature 2021

H. Günther, *Tachyonen*, essentials, https://doi.org/10.1007/978-3-658-33645-5_2

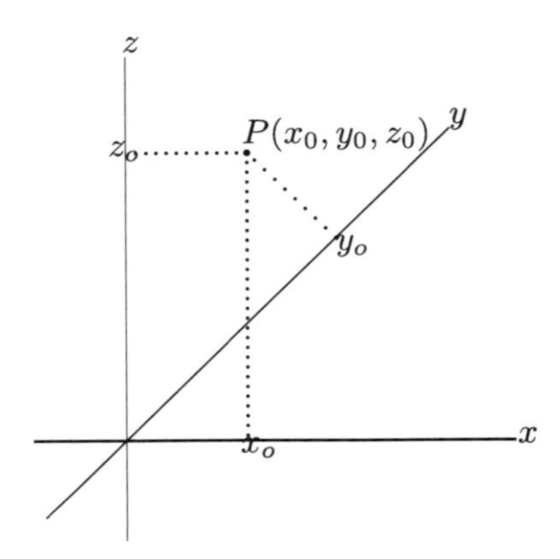

Abb. 2.1 Die kartesischen Koordinaten eines Punktes P sind die senkrechten Projektionen auf die Achsen

in einer ersten Näherung in der Tat für unser Laboratorium, mit dem wir hier gestartet sind, der Fall. Der berühmte Foucaultsche Pendelversuch zeigt aber, dass dies nicht ganz richtig ist. Bringen wir an der Decke unseres Laboratoriums mit einem langen Faden und einer großen Masse ein mathematisches Pendel an, so ändert dies ohne Einwirkung irgendwelcher Kräfte im Laufe der Zeit seine Schwingungsebene. Nun, unser Laboratorium befindet sich auf der Erde, die sich dreht. Ein besseres Bezugssystem ist also die Schwingungsebene unseres Pendels.

Solche Bezugssysteme, in denen ein Körper in Ruhe oder gleichförmiger Bewegung verharrt, so lange keine physikalischen Kräfte auf ihn einwirken, heißen nach Galilei Trägheitssysteme oder Inertialsysteme.

I. Newton, Abb. 2.2, hat die Bewegung der Massen in diesen Inertialsystemen beschrieben, s. u. Unser Laboratorium ist also nur eine grobe Näherung für ein Inertialsystem. Eine sehr gute Annäherung ist durch das Ruhsystem unseres Fixsternhimmels gegeben, s. Abb. 2.3.

Wir werden im Weiteren so tun, als würden wir in diesem Bezugssystem Σ_o messen.

Solange wir im Rahmen der klassischen Physik bleiben, wird die Bewegung eines Körper in einem Inertialsystem gemäß dem berühmten Zweiten Axiom nach Newton, s. Abb. 2.2, beschrieben gemäß

$$Kraft = Masse\ mal\ Beschleunigung \tag{2.1}$$

Abb. 2.2 Sir Isaac Newton, * Woolsthorpe (bei Grantham) 04. 01. 1643, † Kensington (heute London) 31. 03. 1727. (Portrait nach einer Arbeit von Christina Günther, Mischtechnik 2006)

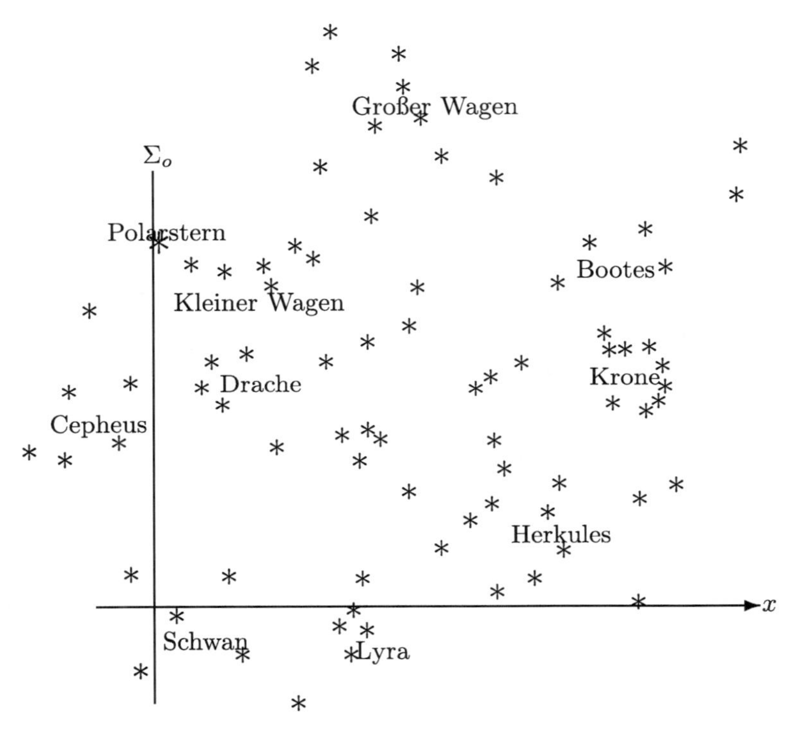

Abb. 2.3 Die seit Jahrtausenden zueinander unveränderten Positionen der Fixsterne unserer Milchstraße definieren ein Bezugssystem, das wir im Folgenden mit Σ_o bezeichnen

bzw. als Formel

$$\mathbf{F} = m \cdot \mathbf{b} = m \cdot \frac{d^2\mathbf{x}}{dt^2} . \tag{2.2}$$

Nicht richtig verstanden wird mitunter das Erste Newtonsche Axiom,

> Jeder Körper verharrt im Zustand der Ruhe oder der gleichförmigen Bewegung, solange er nicht durch äußere Kräfte gezwungen wird, diesen Zustand zu verlassen.

Folgt das nicht bereits aus dem Zweiten Newtonschen Axiom, wenn wir dort für die Kraft $\mathbf{F} = \mathbf{0}$ setzen, so dass die Beschleunigung verschwindet?

Nun, das Erste Newtonsche Axiom ist die Existenzaussage für ein Inertialsystem, in welchem dann das Zeite Axiom formuliert wird.

Der neuralgische Punkt bei der Formulierung von Bewegungen ist immer der richtige Umgang mit der Zeit. Vorausgesetzt ist, dass wir über hinreichend viele und genau gehen Uhren verfügen, die wir über den Raum verteilen. Aber wie? Setzen wir die Uhren erst am Koordinatenursprung in Gang und verteilen sie dann über den Raum oder umgekehrt: Wir verteilen die Uhren über den Raum und setzen sie dann in Gang. Hier können wir nicht umhin, die tiefgründige Bemerkung zu beachten, die wir in Einstein (2009) nachlesen können, dass nämlich die klassische Physik nur dann richtig wäre, „....wenn man wüsste, dass der Bewegungszustand einer Uhr ohne Einfluss auf ihren Gang sei“. Das müssen wir also bei der Prozedur, die im Raum verteilten Uhren in Gang zu setzen, beachten. Um dieses Problem erst einmal auszuklammern, beschränken wir uns zunächst auf *ein* Bezugssystem, auf Σ_o, wo wir die Lichtgeschwindigkeit gemäß (1.2) kennen.

Die Prozedur zur Synchronisation der Uhren im System Σ_o ist leicht anhand von Abb. 2.4 zu verstehen. Die Uhr U_B läuft mit der Uhr U_A synchron, wenn sie bei der Ankunft des Signals die Zeigerstellung t_s hat,

$$t_s = t_1 + \frac{l}{c}. \qquad \text{Vorschrift zur Synchronisation der Uhren im System } \Sigma_o \qquad (2.3)$$

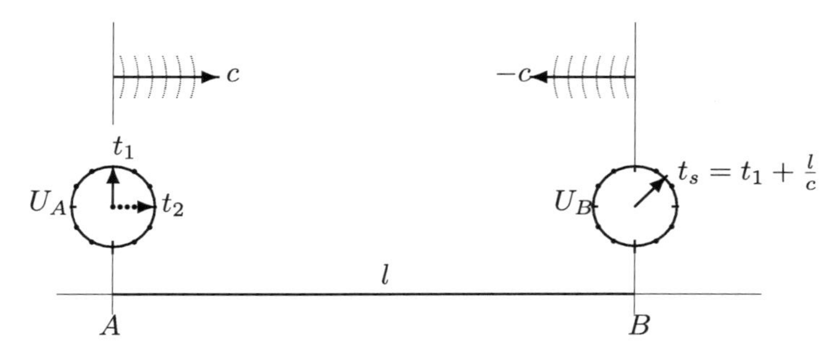

Abb. 2.4 Synchronisation der Uhren U_A und U_B im System Σ_o

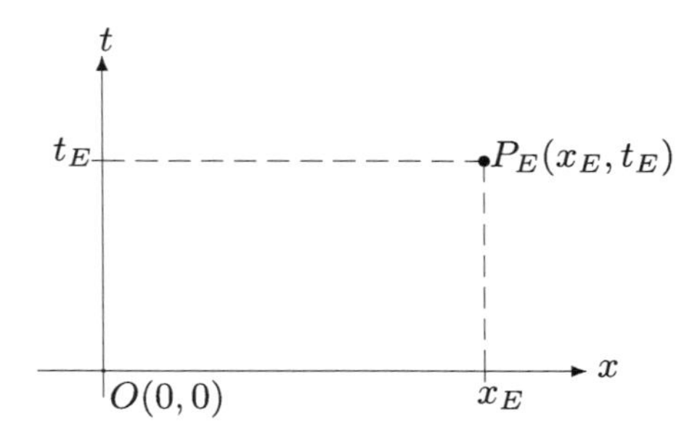

Abb. 2.5 Jedes Ereignis E ist in der x-t-Ebene ein Punkt P_E mit den Koordinaten x_E and t_E

Jedes Ereignis $E(\mathbf{x}, t)$ wird durch vier Zahlen charakterisiert, drei für den Ort und eine für die Zeit. Alle Ereignisse erhalten damit sowohl eine räumliche als auch zeitliche Ordnung. Für die Darstellung vieler Probleme ist es zweckmäßig, zwei Raumdimensionen zu unterdrücken und das Inertialsystem in einem zweidimensionalen Raum-Zeit-Diagramm darzustellen. Das Ereignis $E(x_E, t_E)$ ist dann ein Punkt P_E in der x-t-Ebene, Abb. 2.5.

3 Die Galilei-Transformation

Wir betrachten unser in Abb. 2.3 definiertes Inertialsystem Σ_o mit den Raum-Zeit-Koordinaten (x, t) und ein dazu gleichförmig bewegtes System Σ' mit (x', t'). Die anderen beiden Raumrichtungen unterdrücken wir hier.

Ein Ereignis beschreiben wir gemäß E(x, t) = E(x', t') und wollen herausfinden, wie die Koordinaten (x, t) und (x', t') miteinander zusammenhängen. Im Rahmen der klassischen Physik gehen wir davon aus, dass Längen und der Gang der Uhren unveränderlich sind. Es gilt dann die sog. Galilei-Transformation

$$\left.\begin{aligned} a)\; x' &= x - v\,t\,, \\ b)\; t' &= t\,. \end{aligned}\right\} \qquad \text{Galilei-Transformation} \qquad (3.1)$$

Die erste Gleichung beschreibt, dass ein in Σ' z. B. bei x'_o auf der x'-Achse ruhender Punkt in Σ_o die Geschwindigkeit v besitzt, dort also die Koordinaten $x_o - vt$ durchläuft. Und nach der zweiten Gleichung vergeht die Zeit absolut. Zwei Ereignisse sind nicht nur in Σ_o gleichzeitig, genau dann, wenn sie auch in Σ' gleichzeitig sind, sondern, alle Uhren in Σ_o und Σ' haben auch immer dieselbe Zeigerstellung $t' = t$, wenn sie einmal wie diese in Gang gesetzt sind.

Die im bewegten System Σ' dort an den Positionen x' befindlichen Uhren, welche die Zeit t' anzeigen, müssen nun in Gang gesetzt werden. Die einfachste Prozedur ist die folgende:

Wir stellen alle Uhren in Σ', wenn sie gerade an den Σ_o-Uhren vorbeigleiten, ebenfalls auf die Stellung $t' = 0$, wie das in Abb. 3.1 dargestellt ist. Bemerkenswert ist dabei, dass wir für das in Gang setzen der Uhren in Σ' kein Lichtsignal mehr benötigen und also auch keine Annahme über die Lichtausbreitung in den Systemen Σ' machen müssen.

© Der/die Autor(en), exklusiv lizenziert durch Springer Fachmedien Wiesbaden GmbH, ein Teil von Springer Nature 2021

H. Günther, *Tachyonen*, essentials, https://doi.org/10.1007/978-3-658-33645-5_3

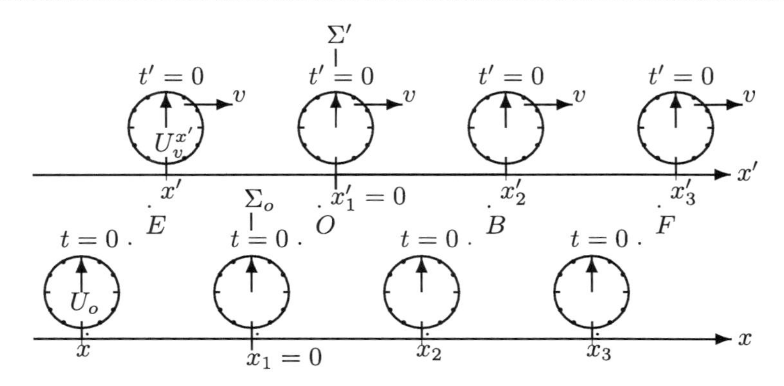

Abb. 3.1 Anstellen der Uhren in Σ_o und Σ'. Die strichpunktierten Linien verbinden Punkte im Bild, die ein und dasselbe Ereignis darstellen, hier die Ereignisse E, O, B und F

Für eine gleichförmige, also kräftefreie Bewegung eines Körpers in Σ_o gemäß $X = \iota \cdot t$ folgt aus Gl.(3.1) eine Bewegung in Σ' gemäß

$$X'(t') = X(t) - v \cdot t = \iota \cdot t - v \cdot t = (\iota - v) \cdot t \,. \tag{3.2}$$

Der Körper bewegt sich also auch in dem System Σ' gleichförmig. Damit haben wir die Gesamtheit der Inertialsysteme gefunden:

> Alle Bezugssysteme, die sich in Bezug auf Σ_o gleichförmig bewegen, sind ebenfalls Inertialsysteme.

Wir bemerken, die Zeit wird hier physikalisch gemessen und sollte nicht mit der absoluten Zeit nach I. Kant (1977) verwechselt werden, vgl. Günther (2013), Günther und Müller (2019).

3.1 Addition von Geschwindigkeiten

In Σ_o beobachten wir die Bewegung zweier Körper K und L, s. Abb. 3.2. Der in Σ' ruhende Körper K hat die Geschwindigkeit $v = dx_1/dt$ und der in Σ'' ruhende Körper die Geschwindigkeit $u = dx_2/dt$. Folglich beobachten wir in Σ_o, dass sich

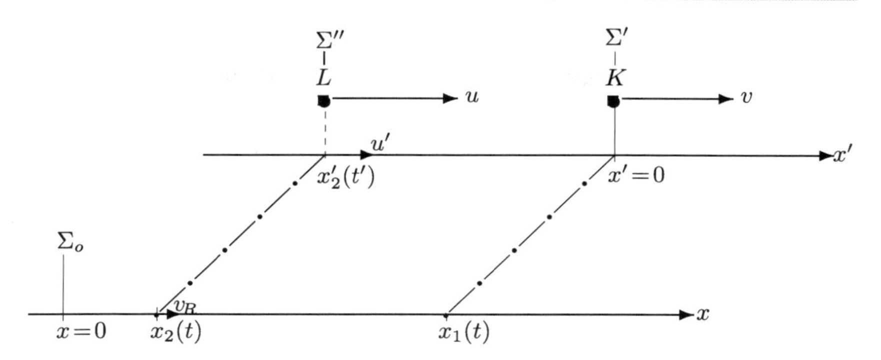

Abb. 3.2 Die Systeme Σ'' und Σ' haben in Bezug auf Σ_o die Geschwindigkeiten u und v. Wir fragen nach der Geschwindigkeit, die ein Beobachter in Σ' für Σ'' feststellt. Strichpunktierte Linien verbinden Punkte im Bild, die in Wirklichkeit zusammenfallen

der Körper L dem Körper K mit einer Relativgeschwindigkeit v_R nähert gemäß

$$v_R = u - v. \qquad \text{Relativgeschwindigkeit} \tag{3.3}$$

Ist das aber auch für den Beobachter K die Geschwindigkeit u', mit der L auf ihn zukommt? Das ist etwas ganz anderes.

Im Rahmen der Galilei-Transformation (3.1) ist

$$u' = \frac{dx_2'}{dt'} = \frac{d(x_2 - v\,t)}{dt} = \frac{dx_2}{dt} - v\,,$$

also

$$u' = u - v \quad \text{bzw.} \quad u = u' + v\,. \qquad \text{Addition von Geschwindigkeiten} \tag{3.4}$$

Danach stimmen hier also v_R und u' überein. In der Einfachheit der Galilei-Transformation liegt hier eine Falle. Die beiden Geschwindigkeiten u' und v_R sind begrifflich etwas vollkommen Verschiedenes. Die Größe v_R ist die Geschwindigkeit, gemäß der sich eine Koordinatendifferenz in ein und demselben Bezugssystem Σ_o der beiden Körper K und L ändert. Diese Aussage gilt immer, ohne jedes wenn und aber und hat mit klassischer oder relativistischer Physik nichts zu tun. Etwas ganz anderes ist u'. Das ist eine Geschwindigkeit, die in einem anderen Bezugssystem, nämlich Σ' gemessen wird, mit den in Σ' ruhenden Uhren, also Uhren, die sich in Bezug auf Σ_o bewegen und gegenüber den dort ruhenden Uhren vielleicht ganz anders laufen.

In der klassischen Betrachtungsweise gilt folgendes: Der Körper K habe in Σ_o die Geschwindigkeit v von z. B. zwei Drittel der Lichtgeschwindigkeit, $v = \frac{2}{3}c$. Ein zweiter Körper L habe, von K aus betrachtet, die Geschwindigkeit u' von z. B. auch zwei Drittel Lichtgeschwindigkeit, $u' = \frac{2}{3}c$. Von Σ_o aus gesehen, addieren sich diese Geschwindigkeiten, so dass dort für L eine Geschwindigkeit $u = u' + v = \frac{4}{3}c$ gemessen werden sollte. In der klassischen Physik gibt es keine Grenzgeschwindigkeit. Das hat sich mit Einstein schlagartig geändert.

Einstein 1905 – Das Additionstheorem

4

Das Datum 1905 hat in der Wissenschaft als das Geburtsjahr der Speziellen Relativitätstheorie (SRT) eine herausragende Bedeutung erlangt. Mit seinem berühmten Relativitätsprinzip von der universellen Konstanz der Lichtgescheindigkeit, s. die historische Darstellung in Lorentz (1958), ging eine Neuformulierung der gesamten Physik einher, Abb. 4.1. Da diese, auf der Elektrodynamik fußenden Überlegungen, unseren Rahmen hier sprengen würden, suchen wir die einfachste Verallgemeinerung der Galilei-Transformation (3.1), ohne den Einsteinschen Weg hier nachzuvollziehen, s. Günther und Müller (2019), gemäß

$$\left.\begin{aligned} x' &= \gamma\,(x - v\,t), \\ t' &= \theta\;x + q\;t. \end{aligned}\right\} \tag{4.1}$$

Es geht also nun darum, die in Gl.(4.1) eingeführten Koeffizienten γ, q und θ physikalisch zu interpretieren.

Dazu betrachten wir zunächst einen Stab, der in einem System Σ' ruht, welches, von Σ_o aus betrachtet, die konstante Geschwindigkeit v in x-Richtung besitzt und ferner einen identischen Stab, welcher in Σ_o ruht, wie das in Abb. 4.2 dargestellt ist. Der Beobachter in Σ_o stellt für den ruhenden Stab die Länge l_o fest. Welche Länge misst er aber für den aus seiner Sicht bewegten Stab in Σ'? Er muss die gleichzeitigen Positionen der Endpunkte des Stabes, also z. B. für $t = 0$, feststellen. Nehmen wir für den linken Endpunkt $x_1 = 0$ an, dann markiert der rechte Endpunkt $x_2 = l_v$ die bewegte Länge. Indem wir noch γ bzw. mit einer Indizierung γ_u definieren gemäß

$$\gamma := \frac{1}{\sqrt{1 - \dfrac{v^2}{c^2}}}, \quad \gamma_u := \frac{1}{\sqrt{1 - \dfrac{u^2}{c^2}}}, \tag{4.2}$$

© Der/die Autor(en), exklusiv lizenziert durch Springer Fachmedien Wiesbaden GmbH, ein Teil von Springer Nature 2021
H. Günther, *Tachyonen*, essentials, https://doi.org/10.1007/978-3-658-33645-5_4

Abb. 4.1 ALBERT EINSTEIN, Ulm 14.03.1879, † Princeton 18.04.1955. (Portrait nach einer Arbeit von Christina Günther, Mischtechnik 2004)

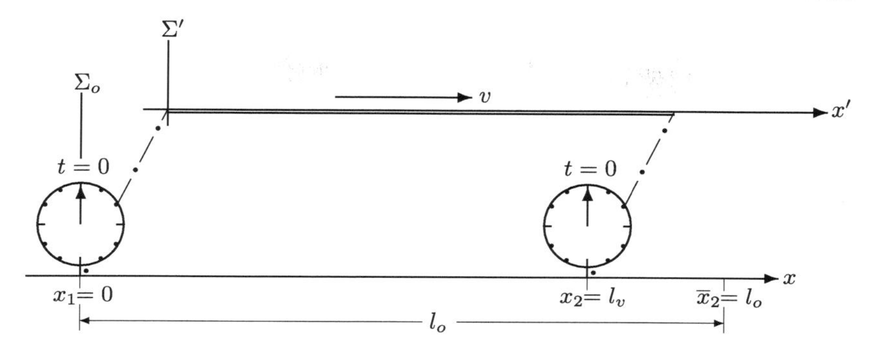

Abb. 4.2 Schematische Darstellung der im zunächst ausgezeichneten System Σ_o beobachteten Lorentz-Kontraktion. Für den im bewegten System Σ' ruhenden Stab werden zur Zeit $t = 0$ in Σ_o die Koordinaten $x_1 = 0$ bzw. $x_2 = l_v$ seiner Endpunkte festgestellt. Wenn derselbe Stab in Σ_o ruht, messen wir für die Koordinaten seiner Endpunkte $x_1 = 0$ und $\overline{x}_2 = l_o$. Strichpunktierte Linien verbinden wieder Punkte im Bild, die dasselbe Ereignis darstellen

dann lautet das Resultat aller experimenteller Anstrengungen, s. z. B. Günther (2013), Günter und Müller (2019):

1.

$$\Sigma_o: \quad \frac{l_v}{l_o} = \frac{1}{\gamma} = \sqrt{1 - \frac{v^2}{c^2}}. \qquad \text{In } \Sigma_o \text{ ist der bewegte Stab verkürzt.} \tag{4.3}$$

Ferner betrachten wir eine am Koordinatenursprung von Σ' ruhende Uhr mit den Zeigerstellungen t', welche an den in Σ_o ruhenden Uhren vorbeigleitet, s. Abb. 4.3. Hier ergeben die Experimente für den Vergleich der Schwingungsdauern T_v und T_o der in Σ_o bewegten bzw. ruhenden Uhren:

2.

$$\Sigma_o: \quad \frac{T_v}{T_o} = \frac{1}{v\theta(v) + q(v)} = \frac{1}{\sqrt{1 - \frac{v^2}{c^2}}}. \tag{4.4}$$

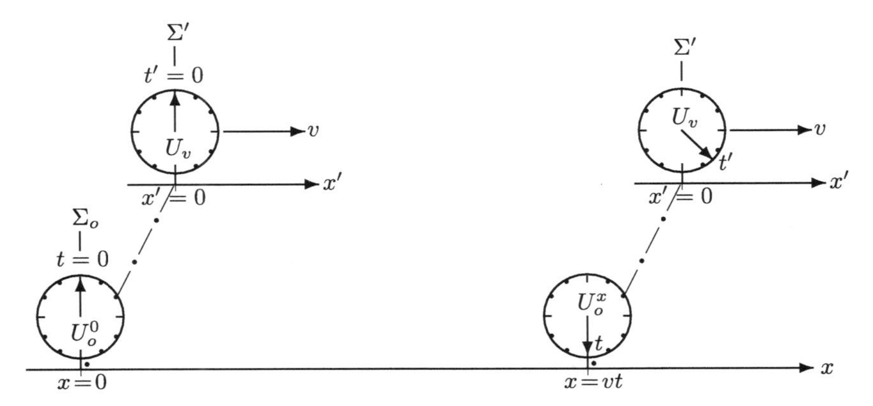

Abb. 4.3 Schematische Darstellung der im zunächst ausgezeichneten System Σ_o beobachteten Zeitdilatation. Die Zeigerstellung t' der bewegten Uhr U_v bleibt hinter den Zeigerstellungen t der in Σ_o ruhenden Uhren zurück, an denen U_v vorbeigleitet. Strichpunktierte Linien verbinden wieder Punkte im Bild, die dasselbe Ereignis darstellen

Drücken wir (4.4) durch die Zeigerstellungen der Uhren aus und schreiben noch t_v für t' und t_o für t, dann gilt

$$\Sigma_o : \quad \frac{t_v}{t_o} = \sqrt{1 - \frac{v^2}{c^2}}. \qquad \text{In } \Sigma_o \text{ geht die bewegte Uhr nach.} \qquad (4.5)$$

Mit (4.3) und (4.4) bzw. (4.5) haben wir den „von Konventionen freien physikalischen Inhalt", Einstein (1922), die Verkürzung einer bewegten Länge, die sog. Lorentz-Kontraktion, und das Nachgehen einer bewegten Uhr gefunden. Für eine ausführliche Diskussion verweisen wir auf Günther (2013) sowie Günther und Müller (2019).

Der höhere Standard an Messgenauigkeit zwingt uns also, die der klassischen Raum-Zeit zugrundeliegenden Hypothesen von einer Unveränderlichkeit bewegter Längen und Schwingungsperioden aufzugeben und durch (4.3) und (4.4) bzw. (4.5) zu ersetzen.

Um die Prozedur besonders einfach zu halten, postulieren wir die Gl. (4.3) und (4.4) bzw. (4.5) wohlgemerkt allein für das Bezugssystem Σ_o. Was wir für diese Quotienten aus den bewegten und ruhenden Längen und Schwingungsdauern in den anderen Inertialsystemen Σ' messen, ist dann eine Folge der dort zu *definierenden* Synchronisation der Uhren, Günther (2013) sowie Günther und Müller (2019).

> Mit dem Parameter $\theta(v)$ *definieren* wir die Synchronisation der Uhren in den Bezugssystemen Σ'. (4.6)

Prinzipiell stünde es uns daher frei, welche Vereinbarung wir über die Synchronisation der Uhren in den Systemen Σ' treffen. Wir sind aber mit Poincaré (1898, 1910), gut beraten, diese Wahlfreiheit für den Parameter $\theta(v)$ dafür zu verwenden, dass die Transformationsformeln besonders einfach, besonders symmetrisch werden. Zu diesem Zweck formulieren wir ein Symmetrieprinzip, das allein eine Prozedur zur Synchronisation der Uhren in den Inertialsystemen Σ' festlegt, s. Günther (1996, 2013), und nennen es:

Das elementare Relativitätsprinzip:

> Wenn der Beobachter in dem zunächst ausgezeichneten Bezugssystem Σ_o für das Inertialsystem Σ' die Geschwindigkeit v gemessen hat, dann sollen die in Σ' ruhenden Normaluhren so in Gang gesetzt werden, dass ein in Σ' ruhender Beobachter feststellt, das Bezugssystem Σ_o hat die Geschwindigkeit $-v$. (4.7)

Der in Σ_o ruhende Beobachter stellt für das System Σ' die Geschwindigkeit v fest.

Mit den Transformationen (4.1) erhalten wir mit Hilfe der Kettenregel der Differentiation

$$u' = \frac{dx'}{dt'} = \frac{dx'}{dt}\left(\frac{dt'}{dt}\right)^{-1},$$

also mit $u = dx/dt$

$$u' = \gamma\,\frac{u - v}{\theta\,u + q} \longleftrightarrow u = \frac{q\,u' + v\,\gamma}{-\theta\,u' + \gamma}. \quad \text{Allgemeines Additionstheorem der Geschwindigkeiten} \quad (4.8)$$

Der Körper L möge nun in Σ_o ruhen. Seine Geschwindigkeit ist dann also $u = u_o = 0$, und u'_o wird die Geschwindigkeit, die ein im System Σ' ruhender Beobachter für L und damit für das System Σ_o feststellt,

$$u'_o = \frac{-\gamma\, v}{q}. \qquad \text{In } \Sigma' \text{ gemessene Geschwindigkeit für das System } \Sigma_o \qquad (4.9)$$

Die elementare Relativität (4.7) fordert also einfach $u'_o = -v$, d. h. nach (4.9)

$$q = \gamma. \qquad \text{Elementares Relativitätsprinzip} \qquad (4.10)$$

Für den Parameter θ zur Definition der Gleichzeitigkeit in den Systemen Σ' finden wir aus (4.4) mit der elementaren Relativität $q = \gamma$ gemäß (4.10) mit $\gamma = l_o/l_v$ gemäß (4.3)

$$\textbf{3.}\ \theta(v) = \frac{T_o/T_v - l_o/l_v}{v}. \qquad \text{Synchronisation Elementares Relativitätsprinzip} \qquad (4.11)$$

also

$$\theta = \frac{T_o/T_v - l_o/l_v}{v} = \frac{\sqrt{1-v^2/c^2} - 1/\sqrt{1-v^2/c^2}}{v} = \frac{1 - v^2/c^2 - 1}{v\sqrt{1-v^2/c^2}}$$

und damit

$$\theta = \frac{-v/c^2}{\sqrt{1-v^2/c^2}}. \qquad \text{Lorentzsche Synchronisation} \qquad (4.12)$$

Mit (4.3), (4.10) und (4.12) werden aus (4.1) nach kurzer Rechnung die berühmten Lorentz-Transformationen

$$\left.\begin{aligned} x' &= \frac{x - v\,t}{\sqrt{1 - v^2/c^2}}, & x &= \frac{x' + v\,t'}{\sqrt{1 - v^2/c^2}}, \\ t' &= \frac{t - vx/c^2}{\sqrt{1 - v^2/c^2}}, & \longleftrightarrow \quad t &= \frac{t' + vx'/c^2}{\sqrt{1 - v^2/c^2}}, \end{aligned}\right\} \text{Spezielle Lorentz-Transformation} \tag{4.13}$$

Und aus Gl.(4.8) wird Einsteins berühmtes Additionstheorem der Geschwindigkeiten

$$u' = \frac{u - v}{1 - uv/c^2} \text{ bzw. } u = \frac{u' + v}{1 + u'v/c^2}. \quad \text{Einsteins Additionstheorem der Geschwindigkeiten} \tag{4.14}$$

Jetzt sehen wir uns wieder Abb. 3.2 an. Der Körper K habe wieder in Bezug auf Σ_o die Geschwindigkeit v von z. B. zwei Drittel der Lichtgeschwindigkeit, $v = \frac{2}{3}c$. Der zweite Körper L habe, von K aus betrachtet, auch die Geschwindigkeit u' von zwei Drittel Lichtgeschwindigkeit, $u' = \frac{2}{3}c$. Von Σ_o aus gesehen, setzen sich diese Geschwindigkeiten nun zusammen gemäß dem Additionstheorem Gl.(4.14), also

$$u = \frac{(2/3)c + (2/3)c}{1 + (2/3)(2/3)/c^2} = \frac{4/3}{13/9}c = \frac{12}{13}\,c = 0{,}923c. \tag{4.15}$$

Für massive Teilchen stellt die Lichtgeschwindigkeit eine unerreichbare Grenze dar. (4.16)

Das hat seine dynamischen Ursachen in den Eigenschaften der Massen.

4.1 Masse und Energie

Um unserer zentralen Frage nach den Tachyonen umfassend gerecht werden zu können, müssen wir uns zunächst um die Eigenschaften von Masse und Energie einer Partikel kümmern.

Nur wenige Monate nach seiner Begründung der Spezielle Relativitätstheorie mit der Umrechnungsformel (4.13) anstelle der Galilei-Transformation (3.1) hat

Einstein (1905) einen überraschend einfachen Gedankengang vorgetragen, mit dem er die Äquivalenz von Masse und Energie begründete. Im Unterschied zu allen anderen Aussagen der Speziellen Relativitätstheorie gab es dazu keine Vorläufer. Wir wollen Einsteins Herleitung, die auf der Elektrodynamik fußt und unseren Rahmen übersteigen würde, hier nicht nachvollziehen.

Stattdessen beginnen wir mit dem Nachweis der Abhängigkeit einer Masse von ihrer Geschwindigkeit nach einem Gedankenexperiment von R. C. Tolman, vgl. Joos (1959).

In (2.2) haben wir die aus der Schulphysik bekannte Formulierung für das klassische Bewegungsgesetz einer Masse aufgeschrieben. Newton selbst war hier vorsichtiger und hat erkannt, dass die dynamische Größe, um die es dabei geht, der Impuls $\mathbf{p} = (m\mathbf{v})$ ist. Anstelle von (2.2) schreiben wir daher für das Bewegungsgesetz, das Zweite Newtonsche Axiom,

$$\mathbf{F} = \frac{d}{dt}\mathbf{p} = \frac{d}{dt}(m\mathbf{v}). \qquad \text{Das Zweite Newtonsche Axiom} \qquad (4.17)$$

Nur in der klassischen Physik, wo die Masse eine unveränderliche Größe ist, können wir den Faktor m vor die Zeitableitung setzen und erhalten wieder (2.2).

Und wir schreiben hier noch das Dritte Newtonsche Axiom auf, die Erhaltung des Gesamtimpulses $\mathbf{P} := \sum_{a=1}^{n} \mathbf{p}_a$,

$$\mathbf{F}_a = 0: \quad \frac{d}{dt}\sum_{a=1}^{n}\mathbf{p}_a = \frac{d}{dt}\sum_{a=1}^{n} m_a\mathbf{u}_a = \frac{d}{dt}\mathbf{P} = 0. \qquad \text{Das Dritte Newtonsche Axiom Die Erhaltung des Gesamtimpulses} \qquad (4.18)$$

Dieser Erhaltungssatz für ein abgeschlossenes, nur unter der Wirkung von inneren Kräften stehendes System, ist eine fundamentale Eigenschaft und ersetzt das aus der klassischen Mechanik bekannte Gesetz *actio = reactio,* das über beliebige Entfernungen eine instantane Wechselwirkung unterstellt und daher für die relativistische Physik korrigiert werden muss.

Wir betrachten dazu den ideal elastischen Stoß zweier ideal glatter Kugeln A und B, wie dies in Abb. 4.4 skizziert ist. Beide Kugeln sollen physikalisch identische Körper der Masse m sein. Die Kugel A habe im Bezugssystem Σ_o nur eine Geschwindigkeitskomponente in y-Richtung,

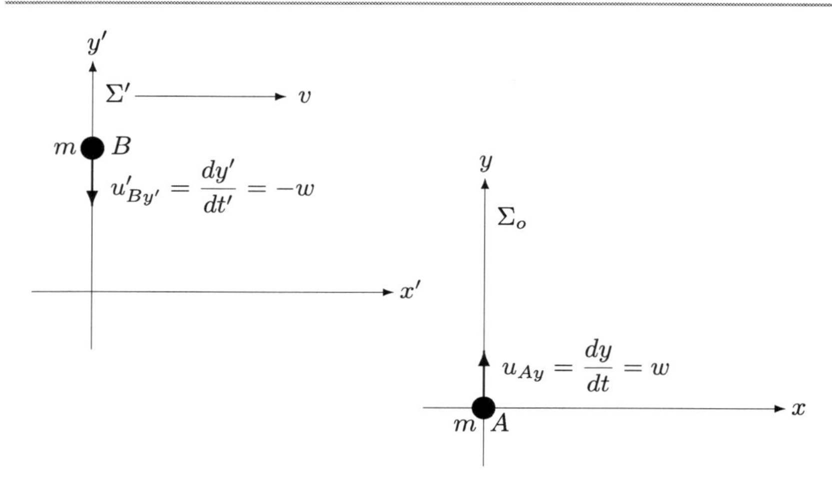

Abb. 4.4 Schematische Darstellung des Tolmanschen Gedankenexperimentes nach G. Joos (1959).

$$\Sigma_o: \quad \mathbf{u}_A = (dx/dt,\ dy/dt) = (u_{Ax},\ u_{Ay}) = (0,\ w).$$

Das Bezugssystem Σ' besitze, von Σ_o aus gemessen, die Geschwindigkeit v in x-Richtung. Die Kugel B habe, von Σ' aus gemessen, nur eine Geschwindigkeitskomponente in Richtung der negativen y'-Achse,

$$\Sigma': \quad \mathbf{u}'_B = (dx'/dt',\ dy'/dt') = (u'_{Bx'},\ u'_{By'}) = (0,\ -w).$$

Von Σ_o beobachtet, folgt dann für $\mathbf{u}_B$ mit (4.13) nach der Kettenregel der Differentiation

$$\begin{aligned} u_{Bx} &= dx/dt = dx/dt' \cdot \big(dt/dt'\big)^{-1} \text{ und mit } u'_{Bx'} = 0 \\ &= \big((u'_{Bx'} + v)\cdot\gamma\big)\cdot\big((1 + u'_{Bx'}\, v/c^2)\cdot\gamma\big)^{-1} = \big(v\cdot\gamma\big)/\gamma = v \text{ und} \\ u_{By} &= dy/dt = dy'/dt = dy'/dt' \cdot \big(dt/dt'\big)^{-1}) = u'_{By'}/\gamma \ = -w/\gamma. \end{aligned}$$

Insgesamt gilt also aus der Sicht von Σ_o,

$$\Sigma_o: \left.\begin{aligned} \mathbf{u}_A &= (u_{Ax},\ u_{Ay}) = (0,\ w), \\ \mathbf{u}_B &= (u_{Bx},\ u_{By}) = (v,\ -w/\gamma). \end{aligned}\right\} \text{ Geschwindigkeitskomponenten vor dem Stoß} \tag{4.19}$$

Die Geschwindigkeiten v und w sind so gewählt, und die Kugeln sind so positioniert, dass sie in dem Moment zusammenstoßen, wo die y'-Achse mit der y-Achse gerade zusammenfällt, so dass die Kugeln dabei senkrecht übereinander liegen.

Die Annahme ideal glatter Kugeln bedeutet, dass bei diesem Zusammenstoß keine tangentialen, in x-Richtung wirkenden Kräfte auftreten. In y-Richtung treten nur Kräfte auf, die dem Dritten Newtonschen Axiom genügen, so dass wir für das System aus den beiden Kugeln den Impulssatz (4.18) anwenden können. Mit einem Querstrich für die Impulse und Geschwindigkeiten nach dem Stoß lautet dann die Erhaltung des Gesamtimpulses bei dem Stoß

$$\mathbf{p}_A + \mathbf{p}_B = \overline{\mathbf{p}}_A + \overline{\mathbf{p}}_B \qquad \text{Impulserhaltung in } \Sigma_o \tag{4.20}$$

bzw. in Komponenten

$$\left.\begin{aligned} m\{u_A\}\, u_{Ax} + m\{u_B\}\, u_{Bx} &= m\{\overline{u}_A\}\, \overline{u}_{Ax} + m\{\overline{u}_B\}\, \overline{u}_{Bx}, \\ m\{u_A\}\, u_{Ay} + m\{u_B\}\, u_{By} &= m\{\overline{u}_A\}\, \overline{u}_{Ay} + m\{\overline{u}_B\}\, \overline{u}_{By}. \end{aligned}\right\} \tag{4.21}$$

Hierbei haben wir in Betracht gezogen, dass die Massen m Funktionen ihrer Geschwindigkeiten sein können, und diese Abhängigkeit verdeutlichen wir hier durch geschweifte Klammern. Die Massen m können daher aus den Gl. (4.21) nicht einfach herausgekürzt werden.

Da keine tangentialen Kräfte wirken sollen, bleiben die Geschwindigkeiten in x- bzw. x'- Richtung nach dem Stoß ungeändert: $\overline{u}_{Ax} = u_{Ax} = 0, \overline{u}_{Bx} = u_{Bx} = v$ und $\overline{u}'_{Bx'} = u'_{Bx'} = 0$.

Die Komponenten nach dem Stoß können wir damit für die Kugeln A und B schreiben als

$$\begin{aligned} \Sigma_o: \quad & \overline{\mathbf{u}}_A = (0,\ \overline{w}_A), \\ \Sigma': \quad & \overline{\mathbf{u}}'_B = (\overline{u}'_{Bx'},\ \overline{u}'_{By'}) = (0,\ \overline{w}_B). \end{aligned}$$

Die Komponenten $\overline{u}_{Ay} = \overline{w}_A$ und $\overline{u}'_{By'} = \overline{w}_B$ kennen wir noch nicht.

Von Σ_o beobachtet, folgt für $\overline{u}_{By}$ wie oben

$$\overline{u}_{By} = dy/dt = dy'/dt = dy'/dt' \cdot \left(dt/dt'\right)^{-1} = \overline{u}'_{By'}/\gamma = \overline{w}_B/\gamma.$$

Insgesamt können wir also für die Komponenten nach dem Stoß in Σ_o schreiben

$$\Sigma_o: \left.\begin{aligned} \overline{\mathbf{u}}_A &= (\overline{u}_{Ax},\ \overline{u}_{Ay}) = (0,\ \overline{w}_A), \\ \overline{\mathbf{u}}_B &= (\overline{u}_{Bx},\ \overline{u}_{By}) = (v,\ \overline{w}_B/\gamma). \end{aligned}\right\} \begin{array}{l}\text{Geschwindigkeitskomponenten} \\ \text{nach dem Stoß}\end{array} \tag{4.22}$$

In der relativistischen Raum-Zeit ist $|v| < c < \infty$ also $\gamma \neq 1$ bei $v \neq 0$.

Als einfachsten Fall nehmen wir jetzt an, dass die Masse m in Σ_o streng monoton, also umkehrbar eindeutig vom Betrag ihrer Geschwindigkeit $|\mathbf{u}|$, bzw. damit äquivalent, vom Quadrat der Geschwindigkeit abhängt,

$$\Sigma_o : \; m = m\{|\mathbf{u}|^2\} = m\left\{u_x^2 + u_y^2\right\}. \tag{4.23}$$

Mit (4.19) und (4.22) lautet dann die x-Komponente der Impulsbilanz (4.21)

$$m\{\mathbf{u}_B^2\}\, u_{Bx} = m\{\overline{\mathbf{u}}_B^2\}\, \overline{u}_{Bx},$$

also

$$\Sigma_o : m\left\{v^2 + w^2(1 - \frac{v^2}{c^2})\right\} v = m\left\{v^2 + \overline{w}_B^2\,(1 - \frac{v^2}{c^2})\right\} v. \quad \begin{array}{l} x\text{-Komponente} \\ \text{der Impulsbilanz} \end{array} \tag{4.24}$$

Für beliebiges v ist diese Gleichung nunmehr nur bei $\overline{w}_B^2 = w^2$ zu erfüllen. Wenn ein Stoß stattgefunden hat, was wir hier voraussetzen, dann muss die B-Kugel in positiver y-Richtung zurücklaufen. Die Lösung $\overline{w}_B = -w$ scheidet damit aus,

$$\Sigma_o : \; \overline{w}_B = +w. \tag{4.25}$$

Die y-Komponente der Impulsbilanz Gl. (4.21) lautet mit (4.19), (4.22), und (4.25)

$$m\{\mathbf{u}_A^2\}\, u_{Ay} + m\{\mathbf{u}_B^2\}\, u_{By} = m\{\overline{\mathbf{u}}_A^2\}\, \overline{u}_{Ay} + m\{\overline{\mathbf{u}}_B^2\}\, \overline{u}_{By},$$

also

$$\Sigma_o : \left.\begin{array}{l} m\{w^2\}\; w - m\left\{v^2 + w^2(1 - \frac{v^2}{c^2})\right\} w/\gamma \\ = m\{\overline{w}_A^2\}\; \overline{w}_A + m\left\{v^2 + w^2(1 - \frac{v^2}{c^2}\right\} w/\gamma. \end{array}\right\} \begin{array}{l} y\text{-Komponente} \\ \text{der Impulsbilanz} \end{array} \tag{4.26}$$

Die Gl. (4.26) muss für beliebige Geschwindigkeiten v und w gelten. Wir führen zunächst wieder den Grenzübergang $v \longrightarrow 0$ durch, also $\gamma \longrightarrow 1$,

$$0 = m\{\overline{w}_A^2\}\; \overline{w}_A + m\{w^2\}\; w, \quad \text{wenn} \quad v = 0. \tag{4.27}$$

Für $w \longrightarrow 0$ folgt aus (4.27) $m\{\overline{w}_A^2\}\,\overline{w}_A \longrightarrow 0$, also, da die Masse nicht verschwindet, auch $\overline{w}_A \longrightarrow 0$. Mit dem Grenzübergang

$$\lim_{w\to 0}\frac{\overline{w}_A}{w} = -\lim_{w\to 0}\frac{m\{w^2\}}{m\{\overline{w}_A^2\}} = -\frac{m\{0\}}{m\{0\}} = -1$$

ergibt sich daher aus (4.27)

$$\Sigma_o : \overline{w}_A = -w + O(w^2), \tag{4.28}$$

wobei wir mit $O(w^2)$ nichtlineare Terme in w andeuten, die wir für unsere weitere Schlussweise aber nicht benötigen.

Wir interessieren uns nun für den Grenzfall $w \longrightarrow 0$ in Gl. (4.26). Dazu betrachten wir zunächst $w \neq 0$ und setzen die Beziehung (4.28) in die Gl. (4.26) ein, wobei wir die nichtlinearen Terme $O(w^2)$ gleich weglassen, und finden

$$2m\left\{v^2 + w^2(1-\frac{v^2}{c^2})\right\} = 2m\{w^2\}\cdot\gamma. \tag{4.29}$$

Betrachten wir nun den Grenzübergang $w \longrightarrow 0$ und setzen

$$m\{0\} := m_o, \quad m\{v^2\} := m, \tag{4.30}$$

dann folgt mit dem Wert für γ gemäß (4.3) eine Abhängigkeit der Masse m von ihrer Geschwindigkeit, indem wir für eine Teilchengeschwindigkeit wieder u schreiben, während wir mit v i. Allg. die Geschwindigkeit eines Bezugssystems bezeichnen,

$$m = \frac{m_o}{\sqrt{1-\frac{u^2}{c^2}}}. \tag{4.31}$$

Relativistische Massenformel

Die Abhängigkeit der Masse m eines Teilchens von ihrer Geschwindigkeit u gemäß (4.31) führt uns nun auf der Grundlage der in jedem Inertialsystem geltenden Newtonschen Axiome zu einer Schlussfolgerung von äußerster Tragweite.

In der klassischen Mechanik erhält man bekanntlich durch eine skalare Multiplikation des Zweiten Newtonschen Axioms mit der Geschwindigkeit den Energiesatz[1]. Wir multiplizieren daher auch hier die Gl. (4.17) skalar mit der Geschwindigkeit $\mathbf{u}$ des Teilchens,

$$\mathbf{u}\cdot\frac{d}{dt}\Big(\frac{m_o}{\sqrt{1-u^2/c^2}}\,\mathbf{u}\Big)=\mathbf{F}\cdot\mathbf{u}. \tag{4.32}$$

Mit $\mathbf{a}:=\frac{d\mathbf{u}}{dt},\ \frac{d(u^2)}{dt}=\frac{d}{dt}(\mathbf{u}\cdot\mathbf{u})=2\,\mathbf{u}\cdot\frac{d\mathbf{u}}{dt}$ gilt

$$\frac{d}{dt}\frac{m_o}{\sqrt{1-u^2/c^2}}=\frac{\mathbf{a}\cdot\mathbf{u}/c^2}{\sqrt{1-u^2/c^2}^{\,3}}\,m_o$$

und damit

$$\begin{aligned}
\mathbf{u}\cdot\tfrac{d}{dt}(m\,\mathbf{u}) &= \frac{dm}{dt}\,\mathbf{u}\cdot\mathbf{u}+m\,\mathbf{u}\cdot\frac{d\mathbf{u}}{dt}\\
&=\mathbf{u}\cdot\mathbf{u}\,\tfrac{d}{dt}\tfrac{m_o}{\sqrt{1-u^2/c^2}}+\tfrac{1}{\sqrt{1-u^2/c^2}}\,m_o\,\mathbf{u}\cdot\mathbf{a}\\
&=\mathbf{u}\cdot\mathbf{u}\,\tfrac{\mathbf{u}\cdot\mathbf{a}/c^2}{\sqrt{1-u^2/c^2}^{\,3}}\,m_o+\tfrac{1}{\sqrt{1-u^2/c^2}}\,m_o\,\mathbf{u}\cdot\mathbf{a}\\
&=\tfrac{u^2/c^2+1-u^2/c^2}{\sqrt{1-u^2/c^2}^{\,3}}\,m_o\,\mathbf{u}\cdot\mathbf{a}\\
&=\mathbf{u}\cdot\mathbf{a}\,\frac{m_o}{\sqrt{1-u^2/c^2}^{\,3}}=\frac{d}{dt}\,\frac{m_o\,c^2}{\sqrt{1-u^2/c^2}}=\frac{d}{dt}\,(mc^2),
\end{aligned}$$

und für Gl. (4.32) können wir schreiben

$$\mathbf{u}\cdot\frac{d}{dt}(m\,\mathbf{u})=\frac{d}{dt}\,\frac{m_o\,c^2}{\sqrt{1-u^2/c^2}}=\frac{d}{dt}\,(mc^2)=\mathbf{F}\cdot\mathbf{u}. \tag{4.33}$$

Auf der rechten Seite von (4.33) steht die Leistung der Kraft $\mathbf{F}$, d. h. die an dem mit der Geschwindigkeit $\mathbf{u}$ bewegten Teilchen sekundlich verrichtete Arbeit. Um diese Gleichung zu verstehen, führen wir gemäß $1/\sqrt{1-x^2}=1+\frac{1}{2}x^2+\frac{3}{8}x^4+\frac{5}{16}x^6+\ldots$ für γ eine Taylor-Entwicklung durch,

---

[1]Der Einfachheit halber eindimensional gerechnet, nehmen wir eine konservative Kraft an, also $F=-\,dV/dx$ und damit $m\,\ddot{x}=-\,dV/dx$.

Multiplikation mit $\dot{x}$ liefert $m\,\ddot{x}\,\dot{x}=-\,dV/dx\,\dot{x}$ also $d/dt(\frac{1}{2}\,\dot{x}^2)=-dV/dt$ und damit den Energiesatz $d/dt(\frac{m}{2}\,\dot{x}^2+V)=0$.

$$m\,c^2 = \frac{m_o\,c^2}{\sqrt{1-u^2/c^2}} = m_o\,c^2\left[1+\frac{1}{2}\frac{u^2}{c^2}+\frac{3}{8}\left(\frac{u^2}{c^2}\right)^2+\frac{5}{16}\left(\frac{u^2}{c^2}\right)^3+...\right]. \quad (4.34)$$

Wir betrachten ein freies Teilchen, z. B. ein Elektron im elektrischen Feld, das zur Zeit t_o ruht, also $\mathbf{u}(t_o) = 0$, und unter der Wirkung der Kraft $\mathbf{F}$ zum Zeitpunkt t eine Geschwindigkeit u erreicht hat. Dann liefert die Integration von (4.33) unter Beachtung von (4.34)

$$\begin{aligned}\int_{t_o}^{t}\tfrac{d}{d\tilde{t}}\,(mc^2)\,d\tilde{t} &= m\,c^2\big|_{t_o}^{t} = m\,c^2 - m_o\,c^2\\ &= m_o\,c^2\left[1+\tfrac{1}{2}\tfrac{u^2}{c^2}+\tfrac{3}{8}\left(\tfrac{u^2}{c^2}\right)^2+\tfrac{5}{16}\left(\tfrac{u^2}{c^2}\right)^3+...\right]-m_o\,c^2\\ &= \int_{t_o}^{t}\mathbf{F}\cdot\mathbf{u}\,d\tilde{t},\end{aligned}$$

also

$$\int_{t_o}^{t}\mathbf{F}\cdot\mathbf{u}\,d\tilde{t} = \int_{x_o}^{x}\mathbf{F}\cdot d\tilde{\mathbf{x}} = \tfrac{1}{2}\,m_o\,u^2+\tfrac{3}{8}\,m_o c^2\left(\tfrac{u^2}{c^2}\right)^2+\tfrac{5}{16}\,m_o\,c^2\left(\tfrac{u^2}{c^2}\right)^3+... \quad (4.35)$$

Die an dem freien Teilchen verrichtete Arbeit $\int_{x_o}^{x}\mathbf{F}\cdot d\tilde{\mathbf{x}}$ ist gleich der Vermehrung seiner kinetischen Energie.

In der nichtrelativistischen Mechanik mit ihrer bewegungsunabhängigen Masse tritt dafür allein der Term $\frac{1}{2}m_o u^2$ auf. Die Leistung $\mathbf{F}\cdot\mathbf{u}$ der Kraft findet ihren Niederschlag in einer zeitlichen Änderung der klassischen kinetischen Energie $E_{kin}^{kl} = \frac{1}{2}m_o u^2$ des Körpers.

Die höheren Potenzen von u^2/c^2 in Gl. (4.35) können wir also als relativistische Korrektur zur kinetischen Energie des Körpers verstehen,

$E_{kin}^{rel} = mc^2 - m_o c^2.$	Relativistische kinetische Energie	(4.36)

Was aber bedeutet der Term $m_o c^2$?

Um diese Frage zu klären, betrachten wir den total unelastischen Stoß zweier Teilchen ohne Einwirkung äußerer Kräfte, also $\mathbf{F}_a = 0$, Abb. 4.5. Es gilt daher der Impulssatz (4.18).

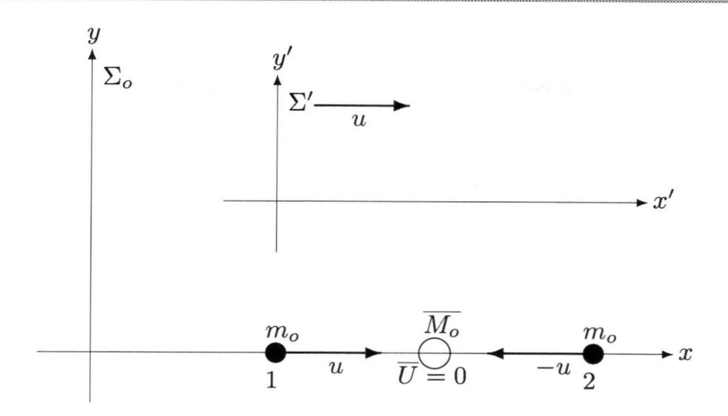

Abb. 4.5 Die beiden Körper 1 und 2 sollen total unelastisch zusammenstoßen. Nach dem Stoß sind Querstriche gesetzt.

Die Größen nach dem Stoß versehen wir wieder mit einem Querstrich.

Beide Teilchen mögen, zunächst im Bezugssystem Σ_o beobachtet, mit gleichen Ruhmassen $m_{o1} = m_{o2} = m_o$ und entgegengesetzt gleichen Geschwindigkeiten vom Betrag u auf der x-Achse aufeinander zulaufen, also $\mathbf{u}_1 = (u, 0, 0)$, $\mathbf{u}_2 = (-u, 0, 0)$, und damit $\mathbf{p}_1 = (mu, 0, 0)$, $\mathbf{p}_2 = (-mu, 0, 0)$, und derart unelastisch zusammenstoßen, dass sich nach dem Stoß ein einziges neues Teilchen mit der Ruhmasse $\overline{M}_o$, der Geschwindigkeit $\overline{\mathbf{U}} = (\overline{U}, 0, 0)$ und dem Impuls $\overline{\mathbf{P}} = (\overline{M}\,\overline{U}, 0, 0)$ gebildet hat.

Nach dem Dritten Axiom in (4.18) kann sich der Gesamtimpuls durch den Stoß nicht ändern. Im Bezugssystem Σ_o heißt das $\overline{P} = P$ mit $\overline{P} = \overline{M}\,\overline{U}$ und $P = p_1 + p_2$, d. h.

$$\Sigma_o\colon\ \overline{M}\,\overline{U} = \frac{m_o\,u}{\sqrt{1-u^2/c^2}} + \frac{m_o\,(-u)}{\sqrt{1-u^2/c^2}} = 0, \qquad \text{Impulserhaltung in } \Sigma_o \tag{4.37}$$

also, wie wir auch aus der klassischen Mechanik wissen,

$$\overline{U} = 0 \quad \longrightarrow \quad \overline{M}\{0\} = \overline{M}_o. \tag{4.38}$$

Wegen der Gültigkeit der Gesetze der Mechanik in jedem Inertialsystem gilt die Erhaltung des Gesamtimpulses (4.18) auch für ein Inertialsystem Σ', das in Bezug auf Σ_o die Geschwindigkeit $v = u$ besitzt. Das erste Teilchen ruht dann in Σ', also $u'_1 = 0$. Das nach dem Stoß gebildete neue Teilchen ruht in Σ_o, also ist gemäß der elementaren Relativität $\overline{U}\,' = -u$ in Σ'. Die Geschwindigkeit u'_2 des zweiten Teilchens vor dem Stoß berechnen wir aus dem Additionstheorem (4.14),

$$u' = \frac{u - v}{1 - u\,v/c^2},$$

indem wir hier u für die Geschwindigkeit v von Σ' setzen und anstelle von u die Geschwindigkeit $-u$ des zweiten Teilchens in Σ_o berücksichtigen. In Σ' beobachten wir damit die Geschwindigkeiten

$$\Sigma': \left.\begin{array}{ll} u'_1 = 0, & u'_2 = \dfrac{-2u}{1 + u^2/c^2}, \\ \overline{U}\,' = -u. & \end{array}\right\} \tag{4.39}$$

Unter Beachtung der Massenformel (4.31) lautet dann das Dritte Axiom gemäß (4.18), die Impulsbilanz in Σ', $\overline{P}' = P'$ mit $\overline{P}' = \overline{M}\,\overline{U}\,'$ und $P' = m_1 u'_1 + m_2 u'_2$, also mit (4.39)

$$\Sigma': \ \overline{P}' = \overline{M}_o \cdot \gamma_{\overline{U}\,'} \cdot \overline{U}\,' = P' = m_o \cdot \gamma_{u'_2} \cdot u'_2. \qquad \text{Impulserhaltung in } \Sigma' \tag{4.40}$$

Hier brauchen wir noch die γ-Faktoren. Nun ist offenbar $\gamma_{\overline{U}'} = \gamma_u$, und für $\gamma_{u'_2}$ finden wir mit (4.39)

$$\begin{aligned} 1/\gamma_{u'_2} &= \sqrt{1 - u'^2_2/c^2} = \sqrt{1 - \tfrac{1}{c^2}\,\tfrac{4u^2}{(1+u^2/c^2)^2}} = \tfrac{1}{c^2+u^2}\,\sqrt{(c^2 + u^2)^2 - 4c^2u^2} \\ &= \tfrac{1}{c^2+u^2}\,\sqrt{(c^2 - u^2)^2}, \end{aligned}$$

also insgesamt

$$1/\gamma_{\overline{U}'} = \sqrt{1 - u^2/c^2}, \quad 1/\gamma_{u'_2} = \frac{c^2 - u^2}{c^2 + u^2}. \tag{4.41}$$

Mit (4.41) und (4.40) finden wir aus der Gültigkeit des Dritten Axioms (4.18) für Σ'

$$\frac{-\overline{M}_o u}{\sqrt{1 - u^2/c^2}} = \frac{c^2 + u^2}{c^2 - u^2}\,\frac{-2m_o u}{1 + u^2/c^2}, \quad \text{also} \quad \frac{\overline{M}_o}{\sqrt{1 - u^2/c^2}} = \frac{2m_o}{1 - u^2/c^2},$$

so dass

$$\overline{M}_o = \frac{2m_o}{\sqrt{1 - u^2/c^2}} = 2mc^2. \tag{4.42}$$

Mit (4.36) können wir dafür schreiben

$$\left.\begin{aligned} 2\,(m_o c^2 + E_{kin}^{rel}) &= \overline{M}_o c^2 \\ &\text{oder} \\ 2\left(m_o + \frac{E_{kin}^{rel}}{c^2}\right) &= \overline{M}_o. \end{aligned}\right\} \quad \text{Energiesatz in } \Sigma_o \tag{4.43}$$

Das ist in der Tat die relativistische Form des Energiesatzes:

Vor dem Stoß besitzen beide Teilchen zusammen die relativistische kinetische Energie $E_{kin}^{rel} = 2(mc^2 - m_o c^2)$. Außerdem ist da noch für jedes Teilchen ein Term $m_o c^2$.

Das nach dem Stoß gebildete Teilchen besitzt wegen seines Ruhezustandes in Σ_o keine kinetische Energie. Dafür ist aber seine Ruhmasse gegenüber der Summe der Ruhmassen $2m_o c^2$ vor dem Stoß um den Betrag E_{kin}^{rel}/c^2 vermehrt.

Erhalten bleibt also die Summe:

$$\textit{Relativistische kinetische Energie} + \textit{Ruhmasse} \times \textit{Quadrat der Lichtgeschwindigkeit}$$

Nach dem Stoß findet sich die gesamte Energie der einlaufenden Teilchen in dem Term $\overline{M}_o c^2$ wieder, der relativistischen Energie eines ruhenden Teilchens der Ruhmasse $\overline{M}_o$. Damit haben wir die Interpretation des Terms $m_o c^2$ in (4.36) gefunden:

In jeder ruhenden Masse m_o ist eine Energie,
die Ruhenergie $E_o = m_o c^2$ enthalten.

Die Größe mc^2 ist die Gesamtenergie des Teilchens, die sich aus der Bewegungsenergie E_{kin}^{rel} und der Ruhenergie $m_o c^2$ zusammensetzt.

Es gilt die *Einsteinsche Energie-Masse-Äquivalenz*:

Jede Masse m ist einer Energie E äquivalent.
Jede Energie besitzt eine träge Masse.

Der Umrechnungsfaktor ist das Quadrat der Lichtgeschwindigkeit,

$$E = m\,c^2. \qquad \text{Energie-Masse-Äquivalenz} \tag{4.44}$$

Für einen mit der Geschwindigkeit u bewegten Körper ist hier dessen Masse $m = m\{u\}$ gemäß (4.31) einzusetzen,

$$E = \frac{m_o}{\sqrt{1 - \frac{u^2}{c^2}}}\,c^2. \tag{4.45}$$

Wir wollen noch auf ein verbreitetes Missverständnis hinweisen. Gemäß Einsteins Energie-Masse-Äquivalenz wird nicht Masse in Energie umgewandelt. Das geht schon aus Dimensionsgründen nicht. Es kann aber die Energie $m_o c^2$ einer Ruhmasse m_o oder ein Teil davon, $\Delta m_o c^2$, in Bewegungsenergie ΔE_{kin}^{rel} umgewandelt werden, welche dann diese träge Masse besitzt, $\frac{\Delta E_{kin}^{rel}}{c^2} = \Delta m_o$. Einstein hat daher von der Trägheit der Energie gesprochen.

5 Korrelation und Wechselwirkung – Teilchen und Tachyonen

Wir haben jetzt alle Voraussetzungen dafür geschaffen, um Tachyonen richtig zu verstehen und im Gebäude der Physik einzuordnen.

Wir zeigen zunächst:

Für ein Objekt mit der Geschwindigkeit $|u| \leq c$ in Σ_o gilt auch $|u'| \leq c$ in jedem anderen Inertialsystem Σ', vgl. Abb.3.2. Ebenso gilt bei $c < |u|$ in Σ_o auch $c < |u'|$ in irgendeinem System Σ'.[1]

Wir beschränken uns auf Geschwindigkeiten in x-Richtung von Σ_o. Für das System Σ' werde von Σ_o aus die Geschwindigkeit v gemessen mit $0 < v < c$, also

$$0 < \frac{v}{c} < 1 \ , \quad 0 < \frac{u}{c} \leq 1 \ . \tag{5.1}$$

Wegen (5.1) gilt

$$0 < 1 + \frac{v}{c} \quad \text{und} \quad 0 \leq 1 - \frac{u}{c} \ . \tag{5.2}$$

Daraus folgt

$$\begin{aligned}
&0 \leq \left(1 + \frac{v}{c}\right)\left(1 - \frac{u}{c}\right) = 1 + \frac{v}{c} - \frac{u}{c} - \frac{u\,v}{c^2} \ , \\
&\frac{u}{c} - \frac{v}{c} \leq 1 - \frac{u\,v}{c^2} \ , \\
&\frac{u/c - v/c}{1 - u\,v/c^2} \leq 1 \ ,
\end{aligned}$$

[1] Ausgehend von einem Inertialsystem Σ_o werden die übrigen Inertialsysteme durch Körper mit $|v| < c$ realisiert.

© Der/die Autor(en), exklusiv lizenziert durch Springer Fachmedien Wiesbaden GmbH, ein Teil von Springer Nature 2021

H. Günther, *Tachyonen*, essentials, https://doi.org/10.1007/978-3-658-33645-5_5

so dass nach dem Einsteinschen Additionstheorem (4.14) auch für die von Σ' aus gemessene Geschwindigkeit mit $u' \leq c$ des Objektes L unsere Behauptung erfüllt ist,

$$u' = \frac{u - v}{1 - u\,v/c^2} \leq c \ . \tag{5.3}$$

Nun sei ζ eine von Σ_o aus festgestellte Überlichtgeschwindigkeit mit $0 < c < \zeta$, so dass

$$0 < \frac{v}{c} < 1 \ , \quad 0 < \frac{c}{\zeta} < 1 \ . \tag{5.4}$$

Aus (5.4) folgt

$$0 < \Big(1 + \frac{v}{c}\Big)\Big(1 - \frac{c}{\zeta}\Big) = 1 + \frac{v}{c} - \frac{c}{\zeta} - \frac{v}{\zeta} \ ,$$

also

$$c\,\big(1 - \frac{v\,\zeta}{c^2}\big) < \zeta - v \ .$$

Ist $v < c^2/\zeta$, so dass $0 < 1 - v\,\zeta/c^2$, dann folgt daraus nach Division durch $(1 - v\,\zeta/c^2)$

$$c < \frac{\zeta - v}{1 - v\,\zeta/c^2} = \zeta' \ , \tag{5.5}$$

so dass nach dem Additionstheorem (4.14) auch vom Bezugssystem Σ' aus eine Überlichtgeschwindigkeit $c < \zeta'$ registriert wird.

Ist nun $c^2/\zeta < v$, also $1 - v\,\zeta/c^2 < 0$, dann betrachten wir unter Beachtung von (5.4) die Ungleichung

$$\Big(-1 + \frac{v}{c}\Big)\Big(1 + \frac{c}{\zeta}\Big) = -1 + \frac{v}{c} - \frac{c}{\zeta} + \frac{v}{\zeta} < 0,$$

also

$$v - \zeta - c + \frac{v\,\zeta}{c} < 0,$$

$$v - \zeta < c\Big(1 - \frac{v\,\zeta}{c^2}\Big),$$

$$-c\Big(1 - \frac{v\,\zeta}{c^2}\Big) < \zeta - v,$$

und, da die Klammer negativ ist,

$$\frac{\zeta - v}{1 - v\,\zeta/c^2} < -c\,.$$

Jetzt gilt also für die als negativ festgestellte Geschwindigkeit ζ',

$$\zeta' = \frac{\zeta - v}{1 - v\,\zeta/c^2} < -c\ . \tag{5.6}$$

In jedem Fall ist also, wie behauptet,

$$c < |\zeta'|\ . \tag{5.7}$$

Hypothetische Teilchen, die sich mit Überlichtgeschwindigkeit bewegen und das dann also in allen Inertialsystemen, haben den Namen *Tachyonen* erhalten, Feinberg (1967). Ihre Existenz wird durch die Spezielle Relativitätstheorie nicht ausgeschlossen. Tachyonen könnten uns aber mit einer grundsätzlichen Erfahrung in Konflikt bringen, mit der *Kausalität.*

Vom System Σ_o und dem System Σ' aus, das in Bezug auf Σ_o die Geschwindigkeit v in x-Richtung besitzt, werden zwei Ereignisse beobachtet,

$$E_1(x_1, t_1) = E_1(x_1', t_1') \quad \text{und} \quad E_2(x_2, t_2) = E_2(x_2', t_2').$$

Nach der Lorentz-Transformation (4.13) gilt dann

$$\left(t_2' - t_1'\right)\sqrt{1 - v^2/c^2} = \left(t_2 - t_1\right) - \frac{v}{c^2}\,(x_2 - x_1) = (t_2 - t_1)\left[1 - \frac{v}{c^2}\,\frac{x_2 - x_1}{t_2 - t_1}\right]\,.$$

Wir bezeichnen mit $u := (x_2 - x_1)/(t_2 - t_1)$ die Geschwindigkeit, mit der die beiden Ereignisse in Σ_o verbunden werden können und schreiben

$$\left(t_2' - t_1'\right)\sqrt{1 - v^2/c^2} = \left(t_2 - t_1\right)\left[1 - \frac{v\,u}{c^2}\right]\,. \tag{5.8}$$

Ist u die Geschwindigkeit eines „normalen Teilchens" mit $0 < |u| \leq c$, eines massiven Körpers oder z. B. eines ruhmasselosen Photons, das zum Ereignis E_1 in Σ_o ausgesendet wird und dort das Ereignis E_2 auslöst, so dass E_2 mit E_1 kausal zusammenhängt, dann folgt aus (5.8) wegen des positiven Vorzeichens der eckigen Klammer aus $t_1 < t_2$ in Σ_o auch $t_1' < t_2'$ in Σ' in Übereinstimmung mit unserer Erfahrung, dass die Reihenfolge von Ursache und Wirkung, dass die Kausalität unabhängig ist vom Bewegungszustand des Beobachters. Unter Umgehung des Kausalitätsbegriffes sagt man dafür auch, die beiden Ereignisse liegen zeitartig zueinander.

Ist nun aber u die Geschwindigkeit eines Tachyons, die wir oben mit ζ bezeichnet haben, also $0 < c < u \equiv \zeta$, das zum Ereignis E_1 in Σ_o ausgesendet wird und dort das Ereignis E_2 auslösen soll, dann können wir gemäß (5.8) die Geschwindigkeit v von Σ' so einrichten, dass aus $t_1 < t_2$ in Σ_o nun $t_2' < t_1'$ in Σ' folgt. Dafür müssen wir bloß eine Geschwindigkeit v von Σ' wählen gemäß $c^2/\zeta < v < c$, was immer möglich ist. Gemäß Abb. 5.1 ist c^2/ζ diejenige Geschwindigkeit von Σ', bei der die von Σ' aus beobachtete Geschwindigkeit ζ des Tachyons seine Richtung ändert. Für

$$1 < \zeta\, v/c^2 \longrightarrow 1 - \zeta\, v/c^2 < 0 \tag{5.9}$$

folgt $t_2' < t_1'$ für $t_1 < t_2$. Die beiden Ereignisse E_1 und E_2, in Σ_o als Ursache und Wirkung interpretiert, würden dann ihre Reihenfolge vertauschen, wenn wir sie vom System Σ' aus beobachten. In diesem Fall sagt man, die beiden Ereignisse liegen raumartig zueinander.

Man kann es sich leicht machen und eine solche Verletzung der Kausalität einfach durch die Hypothese ausschließen, dass Tachyonen nicht existieren. Eine solche ad hoc Hypothese stellt aber immer einen Mangel in der Theorie dar. Man beachte, dass Tachyonen nur dann unserer Erfahrung widersprechen, wenn sie in der Lage sind, Signale und damit Energie zu übertragen, worauf wir im Folgenden näher eingehen werden.

Am Besten wäre es, wenn wir eine Theorie der Elementarteilchen hätten, die eine Signalübertragung durch Tachyonen, d. h. eine Energieabgabe von Tachyonen auf Teilchen ausschließt, vgl. H.-J. Treder (1974), D.-E. Liebscher (1975), H. Günther (2020).

Die bloße Vertauschung in der zeitlichen Reihenfolge bei der Beobachtung zweier Ereignisse E_1 und E_2 von verschiedenen Bezugssystemen aus führt noch nicht zu einer Verletzung der Kausalität. Nur, wenn das eine Ereignis, E_2 z. B., durch das andere Ereignis E_1 ausgelöst, verursacht wurde, dann muss E_2 immer später sein als E_1, unabhängig von dem Bezugssystem, von welchem aus wir beide Ereignisse beobachten. Eine Umkehrung in der zeitlichen Reihenfolge solcher Ereignisse, eine Umkehrung also in der zeitlichen Reihenfolge von Ursache und Wirkung, würde unserem Verständnis von der Welt empfindlich zuwiderlaufen.

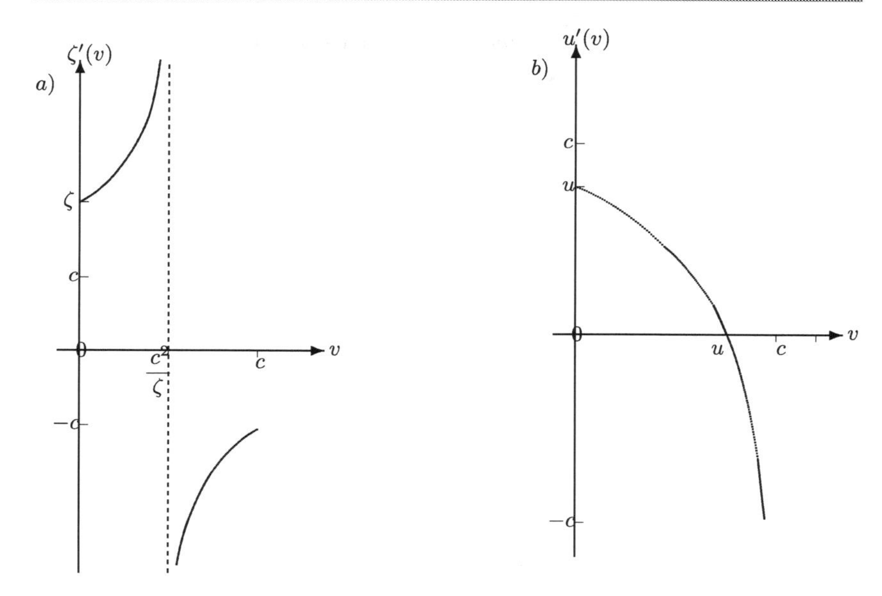

Abb. 5.1 **a)** Schematische Darstellung der Funktion $\zeta' = \frac{\zeta - v}{1 - v\,\zeta/c^2}$, also der im System Σ' festgestellten Geschwindigkeit der Tachyonen, für die im System Σ_o die Geschwindigkeit ζ beobachtet wurde. v ist die von Σ_o aus gemessenen Geschwindigkeit von Σ'. **b)** Schematische Darstellung der Funktion $u' = \frac{u - v}{1 - v\,u/c^2}$, also der im System Σ' festgestellten Geschwindigkeit von Teilchen, für die im System Σ_o die Geschwindigkeit u beobachtet wurde. Die Lichtgeschwindigkeit c kann also von v prinzipiell nicht erreicht werden. Der Faktor $\left[1 - \frac{v\,u}{c^2}\right]$ ist stets positiv, während der Faktor $\left[1 - \frac{v\,\zeta}{c^2}\right]$ bei $v = c^2/\zeta$ das Vorzeichen wechselt, was dann im Fall einer Signalübertragung durch Tachyonen zur Kausalitätsverletzung führen würde

Die bloße Existenz von Tachyonen als Partikel, die einen Impuls und eine Energie besitzen, ist es also noch nicht. Die entscheidende Frage lautet, können wir mit Tachyonen Signale übermitteln, und das heißt letzten Endes:

Können wir mit Tachyonen Energie übertragen? Wenn das aber nicht geht, welches Zeugnis haben wir dann überhaupt von Tachyonen?

Wir werden im Folgenden die physikalischen Konsequenzen aus Stoßprozessen von Teichen und hypothetischen Tachyonen untersuchen. Von einem Stoß spricht man, wenn die Wechselwirkung auf ein sehr kleines Zeitintervall beschränkt ist. Gesamtimpuls und Gesamtenergie der stoßenden Partikel müssen vor und nach dem Stoß gleich sein. Wir sprechen von einem elastischen Stoß, wenn darüber hinaus die

Summe der Bewegungsenergien der Teilchen unverändert bleibt. Andernfalls heißt der Stoß unelastisch, wenn also z. B. Teile der Bewegungsenergie in Wärme oder gar zur Erzeugung neuer Partikel umgesetzt werden.

Der physikalische Parameter eines Teilchens ist sein Ruhmasse m_o. Welches ist der physikalische Parameter eines Tachyons?

Der Energie-Impuls-Erhaltungssatz ist eine Konsequenz der Symmetrie unserer Raum-Zeit, vgl. z .B. Günther (2013), Günther und Müller (2019). Wir werden also bei allen hier betrachteten Stoßvorgängen dem Impulserhaltungssatz und dem Energieerhaltungssatz uneingeschränkte Gültigkeit einräumen.

Ferner ist Einsteins Energie-Masse-Äquivalenz uneingeschränkt gültig,

$$E = m\,c^2. \tag{5.10}$$

Dabei ist m die träge Masse im Sinne der Newtonschen Mechanik.

Zur sprachlichen Unterscheidung wollen wir ggf. bei Teilchen mit einer Ruhmasse m_o oder bei einer verschwindenden Ruhmasse wie bei den Photonen oder Neutrinos von Typ a) – Teilchen sprechen und Tachyonen als Typ b) – Teilchen bezeichnen.

Wir betrachten noch einmal den total unelastischen Stoss zweier Partikel, wobei wir nun zulassen, dass es sich auch um Tachyonen handeln könnte[2]. Dabei geht es uns um die Abhängigkeit der Masse m eines Teilchens von ihrer Geschwindigkeit u. D. h., wir suchen die Funktion $f(u)$ in der Gleichung

$$m = \xi_o\, f(u)\ . \tag{5.11}$$

Für die Geschwindigkeit u machen wir keine Einschränkungen; ξ_o ist ein Parameter, den wir nicht von vornherein als Ruhmasse ansehen.

Anders als in Abb. 4.5 betrachten wir nun im System Σ' den total unelastischen Stoß zweier Teilchen mit den Geschwindigkeiten u'_1 und $u'_2 = -u'_1$, die denselben Parameter ξ_o und entgegengesetzt gleichen Impuls besitzen, so dass der Gesamtimpuls nach dem Impulssatz verschwindet.

Für die in Σ_o gemessene Geschwindigkeit des System Σ' schreiben wir wieder stets v.

Für den Impulssatz in Σ', den wir normalerweise als

$$\xi_o\, f(u'_1)\, u'_1 + \xi_o\, f(u'_2)\, u'_2 \equiv \xi_o\, f(u'_1)\, u'_1 + \xi_o\, f(-u'_1)\,(-u'_1) = 0$$

[2]Partikel, die sich mit Überlichtgeschwindigkeit bewegen, hatten wir in Kap. 4 stillschweigend durch die Annahme ausgeschlossen, dass der Faktor $\gamma = \sqrt{1 - u^2/c^2}$ reell bleibt.

mit einer geraden Funktion $f(-u) = f(u)$ schreiben würden, machen wir nun einen allgemeineren Ansatz, dessen Berechtigung sich erst im Nachhinein zeigen wird,

$$\xi_o\, f(u_1')\, u_1' + \delta \cdot \xi_o\, f(-u_1')\,(-u_1') = 0 \ . \qquad \text{Impulssatz in } \Sigma' \qquad (5.12)$$

Hier haben wir für den Parameter des zweiten Teilchens einen Faktor δ eingeführt, der die Werte $+1$ oder -1 annehmen kann. Darüber werden wir später verfügen. Ferner verfügen wir nun nicht mehr von vornherein über die Funktion $f(u)$. Der Ansatz (5.12) wird sich als wesentlich erweisen, wenn wir auch Teilchen vom Typ b) bei dem Stoßprozess erfassen wollen.

Gemäß unserer Voraussetzung eines total unelastischen Stoßes sollen die beiden Teilchen nach dem Stoß in Σ' als ein einziges Teilchen mit dem Massenparameter M_o im Zustand der Ruhe liegen bleiben. Für die Gleichheit der Gesamtenergie vor und nach dem Stoß können wir in Σ' daher schreiben

$$\xi_o\, f(u_1')\, c_o^2 + \delta \cdot \xi_o\, f(-u_1')\, c_o^2 = M_o\, c_o^2 \ , \qquad \text{Energiesatz in } \Sigma' \qquad (5.13)$$

so dass

$$\xi_o \left[f(u_1') + \delta \cdot f(-u_1') \right] = M_o \ . \qquad (5.14)$$

Im Bezugssystem Σ_o hat die Masse M_o nach dem Stoß die Geschwindigkeit v des Systems Σ', da sie dort voraussetzungsgemäß ruhen soll. Die Geschwindigkeiten der beiden stoßenden Teilchen vor dem Stoß berechnen sich in Σ_o nach Einsteins Additionstheorem (4.14),

$$u' = \frac{u - v}{1 - u\,/c^2} \quad \longleftrightarrow \quad u = \frac{u' + v}{1 + u'\,/c^2} \ ,$$

indem wir dort in der zweiten Gleichung für das erste Teilchen u_1' in Σ' und für das zweite Teilchen mit dem Parameter $\delta \cdot \xi_o$ dessen Geschwindigkeit $-u_1'$ einsetzen. Für den Energieerhaltungssatz im System Σ_o erhalten wir damit

$$\xi_o\, f\Big(\frac{v + u_1'}{1 + u_1'/c_o^2}\Big)\, c_o^2 \ + \ \delta \cdot \xi_o\, f\Big(\frac{v - u_1'}{1 - u_1'/c_o^2}\Big)\, c_o^2 = \xi_o f(v) M_o c_o^2. \qquad \text{Energiesatz in } \Sigma_o \qquad (5.15)$$

Aus (5.14) und (5.15) folgt eine Funktionalgleichung für die Funktion $f = f(u)$,

$$f\Big(\frac{v+u'}{1+u'/c_o^2}\Big)+\delta\cdot f\Big(\frac{v-u'}{1-u'/c_o^2}\Big)=\big[f(u')+\delta\cdot f(-u')\big]\cdot f(v)\ . \tag{5.16}$$

Für die allgemeine Lösung von (5.16) müssen wir zwei Fälle unterscheiden:

a) Wir haben es mit zwei Teilchen vom Type a) zu tun, also $|u'| < c_o \longrightarrow |u| < c_o$. In diesem Fall wählen wir $\delta = 1$, und die Lösung der Funktionalgleichung ist durch den Lorentzfaktor $\sqrt{1-u^2/c_o^2}$ in der uns wohlbekannten Form bestimmt gemäß

$$f(u)=\frac{1}{\sqrt{1-u^2/c_o^2}}\ ,\quad |u|<c_o\ . \tag{5.17}$$

Einsetzen von (5.17) in (5.16) liefert nämlich,

$$\begin{aligned}
&\frac{1}{\sqrt{1-\frac{1}{c_o^2}\Big(\frac{v+u'}{1+v\,u'/c_o^2}\Big)^2}}+\frac{1}{\sqrt{1-\frac{1}{c_o^2}\Big(\frac{v-u'}{1-v\,u'/c_o^2}\Big)^2}}\\
&=\frac{1+v\,u'/c_o^2}{\sqrt{\big(1+v\,u'/c_o^2\big)^2-\frac{1}{c_o^2}\,(v+u')^2}}+\frac{1-v\,u'/c_o^2}{\sqrt{\big(1-v\,u'/c_o^2\big)^2-\frac{1}{c_o^2}\,(v-u')^2}}\\
&=\frac{1+v\,u'/c_o^2}{\sqrt{1-v^2/c_o^2}\,\sqrt{1-u'^2/c_o^2}}+\frac{1-v\,u'/c_o^2}{\sqrt{1-v^2/c_o^2}\,\sqrt{1-u'^2/c_o^2}}\\
&=2\,\frac{1}{\sqrt{1-v^2/c_o^2}\,\sqrt{1-u'^2/c_o^2}}\;=\;2\,f(v)\,f(u')\ ,\quad \text{q.e.d.}
\end{aligned}$$

(Dabei ist für ein „normales“ Teilchen $\delta = 1$ und $f(u) = f(-u)$ zu beachten).

b) Wir haben es mit zwei Teilchen vom Type b) zu tun, also, indem wir nun $u \equiv \zeta$ schreiben, $|\zeta'| > c_o \longrightarrow |\zeta| > c_o$. Um nun eine Lösung der Funktionalgleichung (5.16) zu erhalten, müssen wir jetzt $\delta = -1$ annehmen und unseren Ansatz (5.17) folgendermaßen ergänzen,

$$f(u)\;=\;\left.\begin{matrix}\dfrac{1}{\sqrt{1-u^2/c_o^2}}\ , & |u|<c_o\ ,\\ & \text{für}\\ \dfrac{\operatorname{sign}\zeta}{\sqrt{\zeta^2/c_o^2-1}}\ , & |\zeta|>c_o\ .\end{matrix}\right\} \tag{5.17a}$$

Das im zweiten Teil der Lösung eingefügte Vorzeichen $\operatorname{sign}\zeta = \zeta/|\zeta|$ mag hier noch willkürlich erscheinen. Wir kommen darauf gleich zurück und verifizieren zunächst, dass auch für diese Funktion die Funktionalgleichung (5.16) erfüllt ist und zwar für positives als auch für negatives ζ. Dabei ist $\delta = -1$ zu beachten. Für das erste Teilchen nehmen wir o. B. d. A. eine Geschwindigkeit $\zeta' > 0$ in Σ' an. Dann ist $\text{sign}(v + \zeta') = +1$ und $\text{sign}(v - \zeta') = -1$. Wir finden

$$\frac{\text{sign}\dfrac{v+\zeta'}{1+v\,\zeta'/c_o^2}}{\sqrt{\dfrac{1}{c_o^2}\left(\dfrac{v+\zeta'}{1+v\,\zeta'/c_o^2}\right)^2-1}} + \delta\,\frac{\text{sign}\dfrac{v-\zeta'}{1-v\,\zeta'/c_o^2}}{\sqrt{\dfrac{1}{c_o^2}\left(\dfrac{v-u'}{1-v\,\zeta'/c_o^2}\right)^2-1}}$$

$$= \frac{\left[\text{sign}\dfrac{v+\zeta'}{1+v\,\zeta'/c_o^2}\right](1+v\,\zeta'/c_o^2)\left[\text{sign}(1+v\,\zeta'/c_o^2)\right]}{\sqrt{\dfrac{1}{c_o^2}\,(v+\zeta')^2-\left(1+v\,\zeta'/c_o^2\right)^2}} +$$

$$+\,\delta\,\frac{\left[\text{sign}\dfrac{v-\zeta'}{1-v\,\zeta'/c_o^2}\right](1-v\,\zeta'/c_o^2)\left[\text{sign}(1-v\,\zeta'/c_o^2)\right]}{\sqrt{\dfrac{1}{c_o^2}\,(v-\zeta')^2-\left(1-v\,\zeta'/c_o^2\right)^2}}$$

$$= \frac{\left[\text{sign}(v+\zeta')\right](1+v\,\zeta'/c_o^2)}{\sqrt{1-v^2/c_o^2}\,\sqrt{\zeta'^2/c_o^2-1}} + \delta\,\frac{\left[\text{sign}(v-\zeta')\right](1-v\,\zeta'/c_o^2)}{\sqrt{1-v^2/c_o^2}\,\sqrt{\zeta'^2/c_o^2-1}}$$

$$= \frac{1}{\sqrt{1-v^2/c_o^2}}\,\frac{1-\delta}{\sqrt{\zeta'^2/c_o^2-1}} = f(v)\left[f(\zeta')+\delta\,f(-\zeta')\right] \quad , \quad \text{q.e.d.}$$

Für beide Teilchen vom Typ a) und b) finden wir also folgende Abhängigkeit ihrer Impulse und Energien von ihrer Geschwindigkeit:

a) Für den Impuls und die Energie eines „normalen“ Teilchens vom Typ a) mit $u < c_o$ schreiben wir $\xi_o = m_o$, und es gilt

$$P = \frac{m_o}{\sqrt{1-u^2/c_o^2}}\,u \;, \quad E = \frac{m_o}{\sqrt{1-u^2/c_o^2}}\,c_o^2 \;. \tag{5.18}$$

Der Parameter ξ_o dieses Teilchens heißt seine Ruhmnasse m_o, und es ist

$$P_o = 0 \;, \quad E_o = m_o\,c_o^2 \;. \tag{5.18a}$$

b) Die allgemeine Lösung (5.17a) läß aber nun einen zweiten Typ von Teilchen zu, der ebenfalls die mechanischen Erhaltungssätze von Energie und Impuls erfüllt. Für die Energie E^T und den Impuls P^T dieser Teilchen vom Typ b), für deren Geschwindigkeit wir wieder ζ schreiben, also $u \equiv \zeta > c_o$, für diese hypothetischen sog. Tachyonen gilt nun

$$P^T = \frac{m_*^T}{\operatorname{sign}\zeta \, \sqrt{\zeta^2/c_o^2 - 1}} \, \zeta \ , \quad E^T = \frac{m_*^T}{\operatorname{sign}\zeta \, \sqrt{\zeta^2/c_o^2 - 1}} \, c_o^2 \ . \tag{5.19}$$

Hier haben wir $\xi_o := m_*^T$ geschrieben. Dieser Parameter m_*^T kann nun offenbar keine Ruhmasse sein. Die physikalische Bedeutung für m_*^T entnimmt man dem Grenzfall $\zeta \longrightarrow \pm\infty$. Wie man leicht sieht, gilt gleichermaßen für $\zeta \longrightarrow +\infty$ und für $\zeta \longrightarrow -\infty$

$$\lim_{u \to \pm\infty} P^T = P_\infty^T = m_*^T \, c_o \ , \quad \lim_{u \to \pm\infty} E^T = E_\infty^T = 0 \ . \tag{5.19a}$$

Setzt man die für Tachyonen ausgeschlossenen Geschwindigkeiten $\zeta < c_o$ verbotener Weise einmal doch in Gl. (5.19) ein, so errechnen sich imaginäre Werte für die Masse eines Tachyons, also auch eine imaginäre „Ruhmasse“, damit Impuls und Energie reell bleiben. Tachyonen werden deswegen mitunter auch als Teilchen mit imaginärer Ruhmasse klassifiziert. Eine solche Klassifizierung der Tachyonen ist jedoch irreführend, wie wir unten sehen werden.

Der physikalische Parameter eines Tachyons ist die Größe m_*^T. Dieser Parameter tritt an die Stelle der Ruhmasse m_o eines Type a) Teilchens. Es gibt einen grundlegenden Unterschied zwischen diesen beiden Parametern, auf den wir weiter unten eingehen werden.

Die Geschwindigkeit ζ eines Tachyons folgt aus (5.19) gemäß

$$\zeta := \frac{c_o^2 \, P^T}{E^T} \ . \tag{5.20}$$

Die über die Energie $E^T = m^T \, c_o^2$ definierte Masse des Tachyons kann mit dieser Energie sowohl positiv als auch negativ sein. Mit Hilfe des Ansatzes (5.17a) konnten wir den Impulssatz (5.12) und den Energiesatz (5.13) (und damit die Funktionalgleichung (5.16)) nur dadurch erfüllen, dass wir für das zweite Teilchen $\delta = -1$, also eine negative Masse angenommen haben. Das wäre ohne den Faktor $\operatorname{sign}\zeta$ in (5.17a) zwar nicht erforderlich gewesen. Dieser Faktor sichert uns aber, dass der Impuls P^T des Tachyons sowohl für $\zeta \longrightarrow +\infty$ als auch $\zeta \longrightarrow -\infty$ ein und denselben Grenzwert $m_*^T\, c_o$ besitzt. Diese Bedingung müssen wir aus folgendem Grund sichern.

Aus dem Additionstheorem (4.14) lesen wir unmittelbar ab: Sowohl das Tachyon, das von Σ' aus beurteilt die Geschwindigkeit $\zeta' = +\infty$, als auch dasjenige, welches in Σ' mit $\zeta' = -\infty$ bewertet wird, hat von Σ_o aus betrachtet ein und dieselbe Geschwindigkeit $\zeta = c_o^2/v$, wobei v die Geschwindigkeit von Σ' in Bezug auf Σ_o ist. Von Σ_o aus gesehen, hat also das Tachyon für beide Grenzwerte ein und denselben Impuls. Das Tachyon kann in Σ' für den Impuls dann nicht zwei verschiedene Grenzwerte besitzen. Der Faktor δ ist also für die Eindeutigkeit des Tachyonimpulses unbedingt erforderlich.

Aus den Gl. (5.19) für Energie und Impuls eines Tachyons folgt dessen physikalische Eigenschaft, nämlich:

Werden für die Energie und den Impuls eines Tachyons im Bezugssystem Σ_o die Werte E^T und P^T gemessen, sowie im System Σ', das sich in Bezug auf Σ_o mit der Geschwindigkeit v bewegt, die Werte $E^{T\prime}$ und $P^{T\prime}$, dann gilt

$$\left.\begin{aligned} &P^{T\prime} = \frac{P^T - E^T/c_o^2}{\sqrt{1 - v^2/c_o^2}} \;, \qquad E^{T\prime} = \frac{E^T - P^T}{\sqrt{1 - v^2/c_o^2}} \\ &\text{mit der Umkehrung} \\ &P^T = \frac{P^{T\prime} + E^{T\prime}/c_o^2}{\sqrt{1 - v^2/c_o^2}} \;, \qquad E^T = \frac{E^{T\prime} + P^{T\prime}}{\sqrt{1 - v^2/c_o^2}} \;. \end{aligned}\right\} \tag{5.21}$$

Die Gl. (5.21) gelten gleichermaßen für Teilchen vom Typ a) und vom Typ b). Sie sind das Teilchencharakteristikum schlechthin[3]. Wir wollen hier die letzte der Gl. (5.21) explizit nachrechnen. Gemäß

$$\nu := \frac{c_o^2}{\zeta} \qquad \longrightarrow \qquad \sqrt{\frac{\zeta^2}{c_o^2} - 1} = \frac{|\zeta|}{c_o}\sqrt{1 - \frac{\nu^2}{c_o^2}} \tag{5.22}$$

ordnen wir den Geschwindigkeiten ζ und ζ' des Tachyons in Σ_o und Σ' Geschwindigkeiten ν und ν' zu, die vom Betrag her kleiner sind als c_o. Mit dem Additionstheorem (4.14) für ζ und ζ' gilt dann auch das Additionstheorem für ν und ν', wie man leicht nachrechnet (v ist wieder die Geschwindigkeit von Σ' in

[3]Der Beweis dieser Gleichungen kann auch für Tachyonen ausschließlich mit dem Additionstheorem der Geschwindigkeiten (4.14) geführt werden und beruht einfach darauf, dass Energie und Impuls gemäß Gl. (5.21) einen Vierervektor im Minkowski-Raum bilden, vgl. Günther (2013), Günther und Müller (2019)

Σ_o),

$$\nu = \frac{\nu' + v}{1 + \nu' \, v/c_o^2} \quad \text{mit der Umkehrung} \quad \nu' = \frac{\nu - v}{1 - \nu \, v/c_o^2} \,. \tag{5.23}$$

Daraus folgt durch Quadrieren

$$\sqrt{1 - \frac{\nu^2}{c_o^2}} = \frac{\sqrt{1 - v^2/c_o^2}\,\sqrt{1 - \nu'^2/c_o^2}}{1 - v\,\nu'/c_o^2} \,, \tag{5.24}$$

und wir finden unter Verwendung von $\operatorname{sign} x = x/|x|$,

$$\begin{aligned}
\frac{E^{T\prime} + v\,P^{T\prime}}{\sqrt{1 - v^2/c_o^2}} &= \frac{\dfrac{m_*^T\,c_o^2}{\dfrac{\zeta'}{|\zeta'|}\dfrac{|\zeta'|}{c_o}\sqrt{1 - \nu'^2/c_o^2}} + v\,\dfrac{m_*^T\,\zeta'}{\dfrac{\zeta'}{|\zeta'|}\dfrac{|\zeta'|}{c_o}\sqrt{1 - \nu'^2/c_o^2}}}{\sqrt{1 - v^2/c_o^2}} \\
&= \frac{m_*^T\,c_o^2}{\zeta'/c_o}\,\frac{1 + v\,\zeta'/c_o^2}{\sqrt{1 - v^2/c_o^2}\,\sqrt{1 - \nu'^2/c_o^2}} \\
&= m_*^T\,c_o^2\,\frac{\dfrac{v}{c_o} + \dfrac{\nu'}{c_o}}{\sqrt{1 - v^2/c_o^2}\,\sqrt{1 - \nu'^2/c_o^2}} \\
&= m_*^T\,c_o^2\,\frac{\dfrac{\nu}{c_o}\left(1 + \dfrac{v\,\nu'}{c_o^2}\right)}{\sqrt{1 - v^2/c_o^2}\,\sqrt{1 - \nu'^2/c_o^2}} \;=\; m_*^T\,c_o^2\frac{\nu}{c_o}\,\frac{1}{\sqrt{1 - \nu^2/c_o^2}} \\
&= \frac{m_*^T\,c_o^2}{\zeta/c_o\sqrt{1 - \nu^2/c_o^2}}
\end{aligned}$$

und schließlich

$$\frac{E^{T\prime} + v\,P^{T\prime}}{\sqrt{1 - v^2/c_o^2}} = \frac{m_*^T}{\operatorname{sign}\zeta\,\sqrt{\zeta^2/c_o^2 - 1}}\,c_o^2 = E^T \quad q.e.d.$$

Ebenso verläuft der Beweis für den Impuls P^T.

Tachyonen haben nun höchst wunderliche Eigenschaften.

Der Impuls eines Tachyons hat in allen Bezugssystemen stets ein und dasselbe Vorzeichen. Das folgt aus den Gl. (5.21), wenn man dort für Σ_o dasjenige Bezugssystem wählt, in welchem das Tachyon die Grenzwerte (5.19a) besitzt: Die Energie ist Null. Der Lorentz-Faktor $\sqrt{1-v^2/c_o^2}$ ist aber immer positiv. Folglich behält $P^{T\prime}$ immer dasselbe Vorzeichen wie P^T. Aus dieser Eigenschaft folgt, wiederum mit dem Additionstheorem (4.14) oder auch (5.23), dass die Geschwindigkeit ζ eines Tachyons nicht dasselbe Vorzeichen haben muss wie sein Impuls P^T. Bei positivem ν' (also auch positivem ζ') wird ν und damit auch ζ negativ, wenn $-v > \nu'$ gewählt wird, was für das Bezugssystem immer möglich ist.

An zwei Zahlenbeispielen wollen wir illustrieren, welche merkwürdigen Eigenschaften solche hypothetischen Tachyonen besitzen würden.

Ein Beobachter in Σ_o möge für ein Tachyon die Geschwindigkeit $\zeta = \frac{5}{4}\,c_o$ feststellen. Er schicke diesem Tachyon einen Beobachter mit der Geschwindigkeit $v = \frac{1}{2}\,c_o$ hinterher. Aus (4.14) berechnet man dann für die Geschwindigkeit ζ', die jener Beobachter für dieses Tachyon feststellt,

$$\zeta' = \frac{-\frac{1}{2}\,c_o + \frac{5}{4}\,c_o}{1 - \frac{c_o 5 c_o}{2\cdot 4 c_o^2}} = 2c_o \ .$$

Für den Beobachter, der dem Tachyon hinterhereilt, läuft es ihm also noch schneller davon!

Eine vorsichtige Erklärung für dieses Verhalten finden wir in Übereinstimmung mit (5.19): Der einem Teilchen hinterhereilende Beobachter übernimmt einen Teil von dessen Bewegungsenergie. Gemäß (5.19) wird der Betrag der Energie eines Tachyons aber kleiner, wenn der Betrag seiner Geschwindigkeit wächst. Das Tachyon gibt Energie ab, indem es schneller wird. Bei unbegrenzt wachsender Geschwindigkeit verliert am Ende das Tachyon seine gesamte Energie.

Noch merkwürdiger ist die folgende Situation. In Σ_o werde für ein Tachyon die Geschwindigkeit $\zeta = 2c_o$ gemessen. Ein Beobachter fahre dem Tachyon nun mit der Geschwindigkeit $= \frac{4}{5}\,c_o$ hinterher. Dieser Beobachter findet für das Tachyon dann die Geschwindigkeit

$$\zeta' = \frac{-\frac{4}{5} + 2c_o}{1 - \frac{4c_o 2c_o}{5c_o^2}} = -2c_o \ .$$

Kommt das Tachyon, dem wir den Beobachter hinterhergeschickt haben, diesem nun entgegen? Dies wäre im Bereich von Geschwindigkeiten $|u| < c_o$ nichts Besonderes, ein ganz normaler Überholvorgang, bei dem z. B. ein Auto an einem anderen vorbeifährt. Ein Tachyon können wir aber nicht überholen, da der Betrag seiner Geschwindigkeit immer größer als c_o ist, eine Geschwindigkeit, die wir nie errei-

chen. Dennoch wird die Geschwindigkeit $\zeta' = \Delta x'/\Delta t'$ des Tachyons in Σ' negativ, während seine Geschwindigkeit $\zeta = \Delta x/\Delta t$ in Σ_o positiv ist. Nun kann für ein Tachyon die Größe Δx das Vorzeichen beim Wechsel des Bezugssystems nicht wechseln, aus demselben Grund (und auch mit derselben Beweisführung), nach dem auch sein Impuls das Vorzeichen beibehält, wie wir oben gezeigt haben. Für ein positives ζ und ein positives Δx kann daher ζ' nur dadurch negativ werden, dass $\Delta t'$ negativ wird! Das Tachyon kommt dem Beobachter in Σ' also tatsächlich nicht räumlich entgegen. Seine Geschwindigkeit wird negativ, weil es in die Vergangenheit läuft! Wir werden sagen, ein Tachyon laufe in die Vergangenheit, wenn die Geschwindigkeit und der Impuls des Tachyons entgegengesetzte Vorzeichen haben. Halten wir also an dem Begriff der Geschwindigkeit für ein Tachyon fest, so müssen wir akzeptieren, dass ein Tachyon in Abhängigkeit von dem Bezugssystem, in welchem wir es beobachten, mit der ihm zuzuordnenden Geschwindigkeit auch in die Vergangenheit laufen kann. Hier ist das Tachyon mit dem Kausalitätsproblem verankert, wie wir das bereits zu Beginn dieses Kapitels diskutiert haben.
Mit dem Vorzeichen in der Geschwindigkeit ζ eines Tachyon ändert sich gemäß (5.19) auch das Vorzeichen seiner Energie E^T und damit definitionsgemäß auch das seiner Masse $m^T = E^T/c_o^2$.

Eine Aufklärung erfahren alle diese Merkwürdigkeiten durch folgende Überlegung. Wir bleiben in ein und demselben Bezugssystem Σ_o und führen eine Spiegelung der Koordinaten durch. D. h., wir beschreiben alle Positionen unter Beibehaltung der Zeitkoordinate durch neue Ortskoordinaten $\overline{x}$ gemäß

$$\overline{x} = -x \ , \quad \overline{t} = t \ . \tag{5.25}$$

Definitionsgemäß gilt dann für die Geschwindigkeit $\overline{\zeta}$ (wie auch für jedes andere Teilchen) in den neuen Koordinaten

$$\overline{\zeta} = \frac{d\overline{x}}{d\overline{t}} = -\zeta \ . \tag{5.26}$$

Ferner ist der Impuls seiner physikalischen Bestimmung nach ein räumlicher Vektor. Die Komponenten von räumlichen Vektoren ändern bei einer Spiegelung ihr Vorzeichen, d. h.

$$\overline{P}^T = -\overline{P} \ . \tag{5.27}$$

Wegen $\overline{\zeta}/\mathrm{sign}\,\overline{\zeta} = \zeta/\mathrm{sign}\,\zeta$ folgt dann aber aus (5.19), dass der Tachyonparameter m_*^T bei einer Spiegelung ebenfalls sein Vorzeichen wechseln muss, damit (5.27) erfüllt werden kann,

$$\overline{m}_*^T = -\overline{m}_*^T. \qquad (5.28)$$

Wir können daraus folgenden Schluss ziehen:

Der Tachyonparameter m_*^T ist ein räumlicher Vektor (5.29)

Das ist der Schlüssel für das Verständnis der Tachyoneigenschaften. Die Größe m_*^T hat daher mit der Ruhmasse m_o eines normalen Teilchens vom Typ a) nichts gemeinsam. Der Teilchenparameter m_o, die Ruhmasse, ist ein räumlicher Skalar, also unveränderlich gegenüber einer Änderung der Raumkoordinaten. Dagegen ist m_*^T, multipliziert mit der konstanten Größe c_o, ein charakteristischer Impulswert, den das Tachyon in dem Bezugssystem annimmt, in welchem seine Energie Null ist. Die gelegentlich gegebene Klassifizierung der Tachyonen als Teilchen mit imaginärer Ruhmasse ist daher irreführend.

Die Größe m_*^T ist der Impulsparameter des Tachyons. (5.30)

Während die Ruhmasse m_o eines „normalen“ Typ a) Teilchens immer positiv ist, kann im Unterschied dazu der Impulsparameter m_*^T sowohl positiv als auch negativ sein. In unserer (dreidimensionalen) Relativitätstheorie haben wir also zwei verschiedene Sorten von Tachyonen, solche mit einem positiven und andere mit einem negatives Impulsparameter. Ändern wir die als positiv definierte Richtung der x-Achse, dann ändert auch der Impulsparameter des Tachyons sein Vorzeichen.[4]

---

[4]Für alle diese Eigenschaften der Tachyonen, die mit den „normalen“ Teilchen zwar die Transformationsformeln (5.21) gemeinsam haben, in ihrer Kinematik aber so grundsätzlich von diesen abweichen, gibt es einen einfachen mathematischen Rahmen. Im Formalismus der Minkowski – Geometrie werden alle Teilchen durch Vektoren einer Raum-Zeit dargestellt. Unsere „normalen“ Teilchen vom Typ a) werden durch sog. zeitartige Vektoren beschrieben mit der Konsequenz eines ausgezeichneten Bezugssystem, in welchem nur die sog. Zeitkomponente $P_o = E_o/c_o = m_o c_o$ dieses Vektors von Null verschieden ist. Auf diese Weise ist für alle „normalen“ Teilchen vom Typ a) ihre vom Bezugssystem unabhängige Ruhmasse m_o definiert. Tachyonen werden im Unterschied dazu in dieser Geometrie durch sog. raumartige Vektoren beschrieben mit der Konsequenz eines ausgezeichneten Bezugssystems, in welchem nun die Zeitkomponente verschwindet. In unserer dreidimensionalen Relativitätstheorie bleibt dann von dem auf diese Weise ausgezeichneten räumlichen Impulsvektor P_∞^T nur eine einzige Komponente übrig, für die wir in (5.19a) $P_\infty^T = m_*^T c_o$ gefunden haben. Da c_o eine Konstante ist, überträgt sich die räumliche Vektoreigenschaft vollständig auf m_*^T, von der freilich im eindimensionalen Fall wiederum nur der Vorzeichenwechsel gemäß (5.28) bei der Spiegelung (5.27) übrig bleibt. Hinsichtlich der mathematischen Behandlung von Tachyonen im Rahmen des Minkowski – Raumes verweisen wir auf D. E. Liebscher [2].

5.1 Elastische Stöße

Wir sagen im Folgenden wieder „Teilchen", wenn eine nichtverschwindende Ruhmasse oder die Ruhmasse Null vorliegt und „Tachyon" für die hypothetischen Überlichtpartikeln.

Ein Teilchen möge mit einem Tachyon, das den Impulsparameter m_*^T besitzt, elastisch zusammenstoßen. Die Größen nach dem Stoß werden dabei wieder durch einen Querstrich gekennzeichnet. Die Geschwindigkeiten des Teilchens vor und nach dem Stoß seien u and $\overline{u}$, und die entsprechenden Geschwindigkeiten des Tachyons bezeichnen wir mit ζ und $\overline{\zeta}$. Die Impulse P und Energien E von Teilchen und Tachyonen sind uns durch Gl. (5.18),

$$P = \frac{m_o}{\sqrt{1 - u^2/c_o^2}} \,, \qquad E = \frac{m_o}{\sqrt{1 - u^2/c_o^2}}\, c_o^2$$

und Gl.(5.19),

$$P^T = \frac{m^T}{\operatorname{sign} u \sqrt{\zeta^2/c_o^2 - 1}}\, u \,, \quad E^T = \frac{\zeta^T}{\operatorname{sign} \zeta \sqrt{\zeta^2/c_o^2 - 1}}\, c_o^2 \,,$$

gegeben. Wegen der vorausgesetzten Elastizität des Stoßvorganges bleiben bei der Energie- und Impulserhaltung die Lorentz-invarianten Parameter, der Massenparameter m_o, die Ruhmasse des Teilchens, und der Impulsparameter m_*^T für das Tachyon unverändert – es entstehen keine anderen Teilchen oder Tachyonen. Für die Energien und die Impulse vor und nach dem Stoß gilt daher

$$\left.\begin{array}{ll} \dfrac{m_o\, u}{\sqrt{1 - u^2/c_o^2}} + \dfrac{m_*^T\, \zeta}{\operatorname{sign}\zeta\sqrt{\zeta^2/c_o^2 - 1}} = \dfrac{m_o\, \overline{u}}{\sqrt{1 - \overline{u}^2/c_o^2}} + \dfrac{m_*^T \overline{\zeta}}{\operatorname{sign}\overline{\zeta}\sqrt{\overline{\zeta}^2/c_o^2 - 1}}, & \text{Impuls} \\[2ex] \dfrac{m_o\, c_o^2}{\sqrt{1 - u^2/c_o^2}} + \dfrac{m_*^T\, c_o^2}{\operatorname{sign}\zeta\sqrt{\zeta^2/c_o^2 - 1}} = \dfrac{m_o\, c_o^2}{\sqrt{1 - \overline{u}^2/c_o^2}} + \dfrac{m_*^T\, c_o^2}{\operatorname{sign}\overline{\zeta}\sqrt{\overline{\zeta}^2/c_o^2 - 1}}. & \text{Energie} \end{array}\right\} \quad (5.31)$$

Die Tachyongeschwindigkeiten ζ und $\overline{\zeta}$ ersetzen wir jetzt gemäß Gl.(5.22) mit $\zeta = c^2/v$, und $\overline{\zeta} = c^2/\overline{v}$ durch zugeordnete Geschwindigkeiten v und $\overline{v}$. Die Erhaltungssätze (5.31) nehmen dann die Form an,

$$\left.\begin{aligned} \frac{m_o\,u}{\sqrt{1-u^2/c_o^2}} + \frac{m_*^T\,c_o}{\sqrt{1-v^2/c_o^2}} &= \frac{m_o\,\overline{u}}{\sqrt{1-\overline{u}^2/c_o^2}} + \frac{m_*^T\,c_o}{\sqrt{1-\overline{v}^2/c_o^2}}\,, \quad \text{Impuls} \\ \frac{m_o\,c_o^2}{\sqrt{1-u^2/c_o^2}} + \frac{m_*^T\,c_o\,v}{\sqrt{1-v^2/c_o^2}} &= \frac{m_o\,c_o^2}{\sqrt{1-\overline{u}^2/c_o^2}} + \frac{m_*^T\,c_o\,\overline{v}}{\sqrt{1-\overline{v}^2/c_o^2}}\,. \quad \text{Energie} \end{aligned}\right\} \tag{5.32}$$

Zur Vereinfachung der Gl. (5.32) nutzen wir aus, dass wir das Bezugssystem, in welchem wir den in Frage stehenden Stoßprozess beschreiben wollen, frei wählen können. Ferner haben wir auch die als positiv gerechnete x-Achse frei. Wir können daher o. B. d. A. annehmen, dass das Teilchen in dem Laboratorium, in welchem wir dessen Kollision mit dem Tachyon beschreiben wollen, vor dem Stoß ruht, also $u = 0$, und dass ferner der Impuls des stoßenden Tachyons in die Richtung der positiven x-Achse weist, der Impulsparameter m_*^T mithin positiv ist. Aus m_*^T und der Ruhmasse m_o des Teilchens bilden wir dann einen positiven Parameter μ gemäß

$$\mu := \frac{m_o}{m_*^T}\ . \tag{5.33}$$

Wir weisen noch einmal auf die Kuriosität in der Kinematik von Tachyonen hin: Obwohl nun der Impuls des stoßenden Tachyons stets positiv bleibt, kann sich doch das Vorzeichen seiner Geschwindigkeit ändern.

Aus den Gl. (5.32) wird damit, indem wir noch durch m_*^T dividieren,

$$\overline{\Sigma}:\quad \left.\begin{aligned} \frac{c_o}{\sqrt{1-v^2/c_o^2}} &= \frac{\mu\,\overline{u}}{\sqrt{1-\overline{u}^2/c_o^2}} + \frac{c_o}{\sqrt{1-\overline{v}^2/c_o^2}}\,, \quad \text{Impuls} \\ \mu\,c_o^2 + \frac{c_o\,v}{\sqrt{1-v^2/c_o^2}} &= \frac{\mu\,c_o^2}{\sqrt{1-\overline{u}^2/c_o^2}} + \frac{c_o\,\overline{v}}{\sqrt{1-\overline{v}^2/c_o^2}}\,. \quad \text{Energie} \end{aligned}\right\} \tag{5.34}$$

Um einen besseren Überblick über die möglichen Lösungen dieser Gleichungen zu erhalten, führen wir hyperbolische Funktionen ein gemäß

$$\left.\begin{aligned} \frac{\overline{v}}{c_o} &= \tanh\overline{\alpha},\ \frac{v}{c_o} = \tanh\alpha\ , \\ \frac{\overline{u}}{c_o} &= \tanh\overline{\beta}. \end{aligned}\right\} \tag{5.35}$$

Wegen $u = 0$ wird mit $u/c_o = \tanh\beta = 0$ auch $\beta = 0$.

Unter Beachtung von $1/\sqrt{1-\tanh^2 x} = \cosh x, \tanh x/\sqrt{1-\tanh^2 x} = \sinh x$ folgen schließlich anstelle (5.35) nach leichten Umformungen die Gleichungen

$$\left.\begin{aligned} \mu \sinh \overline{\beta} &= \cosh \alpha - \cosh \overline{\alpha} \ , \\ \mu \cosh \overline{\beta} &= \sinh \alpha - \sinh \overline{\alpha} + \mu \ . \end{aligned}\right\} \tag{5.36}$$

Wegen $0 < \mu$ gemäß (5.33), $0 < \cosh \overline{\beta} - 1$ und der Monotonie des hyperbolischen Sinus,

$$\sinh \overline{\alpha} < \sinh \alpha \quad \longleftrightarrow \quad \overline{\alpha} < \alpha \ , \tag{5.37}$$

folgt aus der zweiten Gl. (5.36) mit

$$0 \leq \sinh \alpha - \sinh \overline{\alpha} = \mu \left[\cosh \overline{\beta} - 1\right] \tag{5.38}$$

die Bedingung

$$\overline{\alpha} \leq \alpha \ . \tag{5.39}$$

Mit $\cosh^2 \overline{\beta} - \sinh^2 \overline{\beta} = 1$ eliminieren wir aus (5.36) die Geschwindigkeit $\overline{u} = c_o \tanh \overline{\beta}$ des Teilchen nach dem Stoß und finden unter Beachtung des Additionstheorems $\cosh(\alpha - \overline{\alpha}) = \cosh \alpha \cosh \overline{\alpha} - \sinh \alpha \sinh \overline{\alpha}$ nach kurzer Rechnung

$$0 \leq \frac{1}{\mu}[\cosh(\alpha - \overline{\alpha})] = \sinh \overline{\alpha} - \sinh \alpha \ . \tag{5.40}$$

Nach demselben Schluss wie oben folgt nun aber

$$\alpha \leq \alpha' \ . \tag{5.41}$$

Die Gl. (5.39) und (5.41) erzwingen

$$\overline{\alpha} = \alpha \quad \longleftrightarrow \quad \overline{\zeta} = \zeta \ . \qquad \text{Keine Signalübertragung durch das Tachyon} \tag{5.42}$$

Das Tachyon muss ohne Änderung seiner Geschwindigkeit an dem Teilchen vorbeigehen. Es kann daher auch nicht die geringste Energie übertragen und somit auch kein Signal überbringen. Die Kausalität kann auf diese Weise nicht verletzt werden Wir finden:

Im Rahmen elastischer Stoßprozesse kann es nicht zu einer Kausalitätsverletzung durch Tachyonen kommen.

Wenn das Tachyon aber keine Energie übertragen kann, wie können wir dann überhaupt von ihm Kenntnis erhalten?

Wir haben uns oben streng auf den elastischen Teilchen – Tachyon – Stoß beschränkt. Unelastische Stöße ändern die Situation sofort grundlegend, vgl. Günther[2] und Liebscher[3].

5.2 Unelastische Stöße

Als Anfangszustand betrachten wir allein ein ruhendes Teilchen der Masse m_o. Gefragt ist nach einem Endzustand, bei dem dieses Teilchen unter Beibehaltung seiner Ruhmasse durch die Emission eines Tachyons der Geschwindigkeit $\overline{\zeta}$ eine von Null verschiedene Geschwindigkeit $\overline{u}$ erhalten hat.

Man macht sich leicht klar, dass ein ruhendes Typ a) – Teilchen ohne Änderung seiner Ruhmasse auf Grund des Energiesatzes niemals ein Typ a) – Teilchen aussenden kann, dann das ausgesandte Teilchen hätte eine positive Energie $E_o = m_o\, c_o^2$. Ein ruhendes Teilchen kann keine Energie abgeben, ohne seine Ruhmasse zu ändern. Bei Tachyonen ist das anders. Die können auch eine negative Energie besitzen.

Mit denselben Bezeichnungen wie oben folgt nun aus den Erhaltungssätzen für Energie und Impuls anstelle von (5.36)

$$\left.\begin{aligned} \mu \sinh \overline{\beta} &= -\cosh \overline{\alpha} \ , \\ \mu \cosh \overline{\beta} &= -\sinh \overline{\alpha} + \mu \ . \end{aligned}\right\} \quad \begin{array}{l}\text{Kein Tachyon} \\ \text{vor dem Stoß}\end{array} \tag{5.43}$$

Hier fehlt gegenüber den Gl. (5.36) einfach bloß das einlaufende Tachyon.

Aus (5.43) gewinnen wir durch Eliminierung von $\overline{\beta}$ nach kurzer Rechnung

$$\begin{aligned} \sinh \overline{\alpha} &= -\frac{1}{2\mu} \ , \\ \frac{\overline{v}}{c_o} &= \tanh \overline{\alpha} = \frac{\sinh \overline{\alpha}}{\sqrt{1+\sinh^2 \overline{\alpha}}} = -\frac{1}{2\mu}\, \frac{1}{\sqrt{1+1/4\mu^2}} \ , \\ \frac{\overline{\zeta}}{c_o} &= \frac{c_o}{\overline{v}} = -\sqrt{4\mu^2+1} \ , \end{aligned}$$

$$\overline{\zeta} = -c_o \frac{\sqrt{m_*^{T\,2} + 4m_o^2}}{m_*^T} \tag{5.44}$$

und damit aus (5.43)

$$\begin{aligned}
\sinh\overline{\beta} &= -\frac{1}{\mu}\cosh\overline{\alpha} = -\frac{1}{\mu}\sqrt{1+\sinh^2\overline{\alpha}} = -\frac{\sqrt{1+4\mu^2}}{2\mu^2}\,,\\
\frac{\overline{u}}{c_o} &= \tanh\overline{\beta} = \frac{\sinh\overline{\beta}}{\sqrt{1+\sinh^2\overline{\beta}}} = -\frac{\sqrt{1+4\mu^2}}{2\mu^2}\,\frac{1}{\sqrt{1+(1+4\mu^2)/(4\mu^4)}}\\
&= -\frac{\sqrt{1+4\mu^2}}{\sqrt{(1+2\mu^2)^2}}\,,\\
\overline{u} &= -c_o\,\frac{\sqrt{m_*^{T\,2}+4m_o^2}}{m_*^{T\,2}+2m_o^2}\,.
\end{aligned} \tag{5.45}$$

Die Gl. (5.43) haben also bei gegebener Ruhmasse m_o des Teilchens zu jedem beliebigen Impulsparameter m_*^T des zu emittierenden Tachyons auch eine nichttriviale Lösung $\overline{u}$ für das Teilchen nach dem Stoß. Danach könnte das Teilchen beliebig viele Tachyonen emittieren, wodurch dieses Teilchen fortlaufend ohne äußere Einwirkung seine Geschwindigkeit ändern würde – und zwar ohne Änderung seiner Ruhmasse m_o. Ein verrücktes Ergebnis! Wer hat schon jemals gesehen, dass sich ein Teilchen ohne erkennbaren Grund in Bewegung setzt, weil es eben ein Tachyon emittiert hat.

Tatsächlich ist auch die Emission eines Teilchens durch ein Tachyon mit den Erhaltungssätzen vereinbar. Lassen wir nämlich in den Gl. (5.36) nur das Teilchen vor dem Stoß weg, dann folgt

$$\left.\begin{aligned}
\mu\,\sinh\overline{\beta} &= \cosh\alpha - \cosh\overline{\alpha}\ ,\\
\mu\,\cosh\overline{\beta} &= \sinh\alpha - \sinh\overline{\alpha}\ .
\end{aligned}\right\}\quad \begin{array}{l}\text{Kein Teilchen}\\ \text{vor dem Stoß}\end{array} \tag{5.46}$$

Aus $0 \le \mu\cosh\overline{\beta} = \sinh\alpha - \sinh\overline{\alpha}$ und der Monotonie des hyperbolischen Sinus folgt zunächst $\overline{\alpha} \le \alpha$. Mit $\cosh^2\overline{\beta} - \sinh^2\overline{\beta} = 1$ eliminieren wir $\overline{\beta}$ durch Quadrieren und Subtraktion der beiden Gln. (5.46) und finden nach kurzer Rechnung

$$\overline{\alpha} = \alpha - \operatorname{arcosh}\big(1 + \frac{\mu^2}{2}\big)\ . \tag{5.47}$$

Danach kann ein beliebig einlaufendes Tachyon, d. h., α und m_*^T sind beliebig vorgegeben, ein Teichen mit einer beliebigen Ruhmasse $m_o = \mu\, m_*^T$ emittieren. Die Tachyongeschwindigkeit $\overline{\zeta}$ nach der Emission berechnet sich aus (5.47) unter Beachtung von $c_o/\overline{\zeta} = \overline{v}/c_o = \tanh \overline{\alpha}$, und die Geschwindigkeit $\overline{u}$ des emittierten Teilchens kann dann aus (5.46) und (5.47) unter Beachtung von $\overline{u}/c_o = \tanh \overline{\beta}$ berechnet werden.

Auf eine merkwürdige Lösung unserer hypothetischen Tachyonenphysik wollen wir noch hinweisen. Wir betrachten den Fall zweier total unelastisch zusammenstoßender Tachyonen, so dass die Tachyonen danach vernichtet sind und aus Gründen der Energieerhaltung ein Teilchen der Ruhmasse M_o übrig bleiben muss.

Im System Σ_o betrachten wir also zwei Tachyonen. Das eine besitze die positive Geschwindigkeit $0 < c < \zeta_1 = \zeta$ und den Impulsparameter m_*^T. Der Impulsparameter eines zweiten Tachyons mit der negativen Geschwindigkeit $\zeta_2 = -w\zeta < -c < 0$ ist dann $\delta \cdot m_*^T = -m_*^T$. Unter Bezugnahme auf (5.19) gilt nun für den Gesamtimpuls P_G^T des Systems aus den beiden Tachyonen mit den Impulsen P_1^T und P_2^T

$$\left.\begin{aligned} P_G^T &= P_1^T + P_2^T \\ &= \frac{m_*^T}{\operatorname{sign}\zeta_1 \sqrt{\zeta_1^2/c^2 - 1}}\,\zeta_1 + \frac{\delta \cdot m_*^T}{\operatorname{sign}\zeta_2 \sqrt{\zeta_2^2/c^2 - 1}}\,\zeta_2 \\ &= \frac{m_*^T}{(+1)\sqrt{\zeta^2/c^2 - 1}}\,\zeta - \frac{m_*^T}{(-1)\sqrt{\zeta^2/c^2 - 1}}\,(-\zeta) \\ &= 0\ . \end{aligned}\right\} \tag{5.48}$$

Und für die Gesamtenergie E_G^T des Systems aus den beiden Tachyonen mit den Impulsen P_1^T und P_2^T gilt

$$\left.\begin{aligned} E_G^T &= E_1^T + E_2^T \\ &= \frac{m_*^T}{\operatorname{sign}\zeta_1 \sqrt{\zeta_1^2/c^2 - 1}}\,c^2 + \frac{\delta \cdot m_*^T}{\operatorname{sign}\zeta_2 \sqrt{\zeta_2^2/c^2 - 1}}\,c^2 \\ &= \frac{m_*^T}{(+1)\sqrt{\zeta^2/c^2 - 1}}\,c^2 - \frac{m_*^T}{(-1)\sqrt{\zeta^2/c^2 - 1}}\,c^2 \\ &= \frac{2m_*^T\, c^2}{\sqrt{\zeta^2/c^2 - 1}}\ . \end{aligned}\right\} \tag{5.49}$$

Wegen der Impulserhaltung gilt nun

$$\Sigma_o: \ \overline{M}\,\overline{U} = P_G^T = 0 \ , \qquad \text{Impulserhaltung in } \Sigma_o \tag{5.50}$$

also

$$\overline{U} = 0 \quad \longrightarrow \quad \overline{M}\{0\} = \overline{M}_o \ . \tag{5.51}$$

Und wegen der Energie-Masse-Äquivalenz folgt dann mit (5.49)

$$M_o = \frac{2m_*^T}{\sqrt{\zeta^2/c_o^2 - 1}} \ . \tag{5.52}$$

Bei dem total unelastischen Stoß zweier Tachyonen entsteht aus den Tachyonen also ein Teilchen mit der Ruhmasse M_o. Liegt die Tachyongeschwindigkeit ζ hinreichend dicht bei der Lichtgeschwindigkeit c, würde hiermit eine Teilchenerzeugung mit beliebig großer Ruhmasse beschrieben. Diese scheinbar aus dem „Nichts" auftauchenden Teilchen entstehen dabei unter Wahrung der Erhaltungssätze von Impuls und Gesamtenergie. Auch eine Vernichtung von mehreren Tachyonen ist denkbar.

Wir heben es noch einmal hervor. Alle diese Prozesse wären *formal* möglich, wenn wir die physikalische Existenz von Tachyonen unterstellen. Wenn es diese Prozesse tatsächlich gibt, dann beschreibt die Gl. (5.52) nicht mehr und nicht weniger als die Erzeugung von Masse aus dem scheinbaren Nichts, das heißt hier, aus einem Tachyonen-Vakuum, welches über eine bis ins Unendliche reichende – dunkle Energie verfügen könnte.

Auf einen Sachverhalt wollen wir noch hinweisen. Im Rahmen elastischer Stoßprozesse konnten wir eine Wechselwirkung zwischen Teilchen und Tachyonen ausschließen. Über den total unelastischen Stoß zweier Tachyonen kommt uns eine solche Wechselwirkung aber über die Hintertür wieder herein, denn nichts anderes ist dabei die Erzeugung einer Ruhmasse gemäß Gl.(5.52) [Liebscher priv.com], ohne dass wir im Einzelnen wirklich sagen können, wie diese Wechselwirkung aussieht. Für den tiefer in die Physik eingedrungenen Leser verweisen wir für Wechselwirkungen mit Tachyonen auf die von Feinberg (1967) diskutierten Ansätze.

Hinsichtlich Gl.(5.52) ist es denkbar, dass die erzeugte Masse einfach ruht oder eben die erzeugte Ruhmasse nur einen Teil der Tachyonenergie ausmacht und der andere Teil in die Bewegungsenergie der Masse umgesetzt wird, so dass diese dann vielleicht in Bruchstücke zerbricht, welche auseinanderfliegen – ein kleiner Urknall?

Im Folgenden werden wir sehen, inwiefern der kristalline Festkörper ein physikalisches Modell für Tachyonen liefert.

5.3 Tachyonen auf einer Gitterstruktur

Mit ihrem berühmten Laue-Diagramm, Abb. 5.2, führten W. Friedrich und P. Knipping 1912 den experimentellen Nachweis für die Gitterstruktur eines kristallinen Festkörpers.

Ein schematisches, anschauliches Modell dieser Gitterstruktur wird in Abb. 5.3 dargestellt.

Schallwellen breiten sich hier durch Schwingungen der Gitteratome aus bei einer Geschwindigkeit $c_o = \sqrt{\frac{a}{\rho}}$ mit einer die Elastizität des Gitters charakterisierenden Konstante a und der Massendichte ρ des Gitters.

Wichtige physikalische Eigenschaften des Gitters werden durch Störungen der idealen Gitterstruktur beschrieben, z. B., wenn eine Gitterebene im Kristall endet, Abb. 5.4

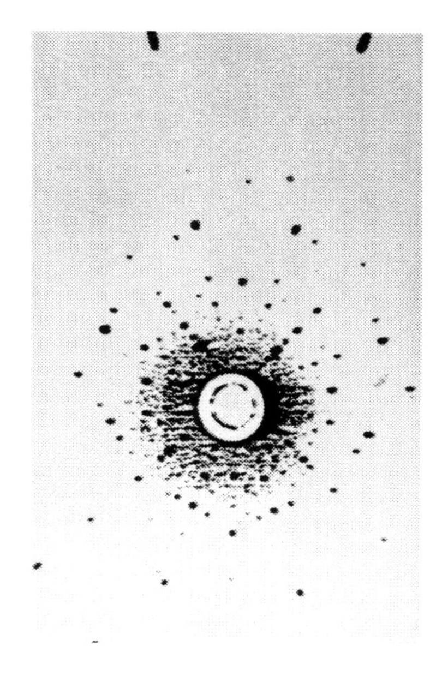

Abb. 5.2 Laue-Diagramm aus dem Jahr 1912 zum Nachweis der diskreten Struktur von Kristallen nach C. Kittel (1969)

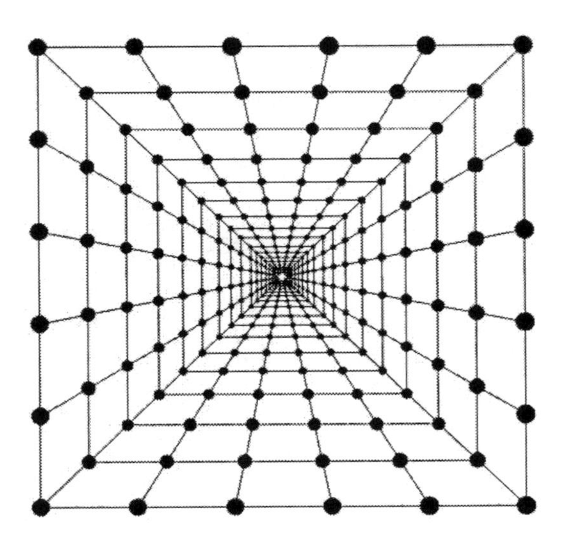

Abb. 5.3 Immer wiederkehrende Strukturen im Kristallgitter

Abb. 5.4 Stufenversetzung im Kristall mit dem Burgersvektor b

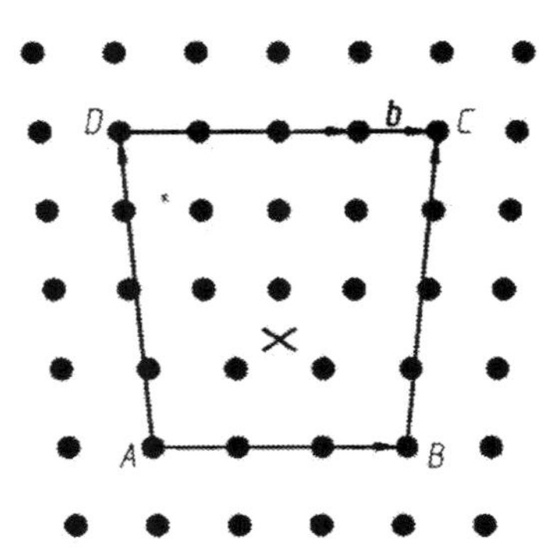

Wir zeigen noch die sog. Schraubenversetzung, wo sich die Gitterebenen schraubenartig um eine Linie winden, Abb. 5.5.

Physikalische Eigenschaften des Kristalls werden durch diese Versetzungslinien und deren Bewegungen bestimmt. Dabei erfolgt diese Bewegung nicht als Ganzes. Vielmehr bekommt die Linie einen Knick, eine sog. Kinke, durch welche die Linie von einer Gitterebene auf die andere wechselt. Die Form dieser Kinke wird durch die physikalischen Konstanten des Gitters bestimmt. Die auf einen engen räumlichen Bereich lokalisierten Abweichungen $q = q(x, t)$ vom geraden Linienverlauf definieren Quasiteilchen auf dem Gitter. Das legt es dann nahe, auch nach Quasitachyonen zu fragen, deren Bewegung dann oberhalb der Schallgeschwindigkeit erfolgt, ebenso wie sich die Quasiteilchen nur unterhalb der Schallgeschwindigkeit bewegen können.

Die Funktionen $q = q(x, t)$ sind Lösungen einer nichtlinearen Differentialgleichung, der sog. sine-Gordon Gleichung,

$$\frac{\partial^2}{\partial x^2}\,\mathrm{q}(x,t) - \frac{1}{c_o^2}\frac{\partial^2}{\partial t^2}\,\mathrm{q}(x,t) = \frac{1}{\lambda_o^2}\,\sin\big(\mathrm{q}(x,t)\big). \qquad \text{sine-Gordon Gleichung (5.53)}$$

Hierbei ist $\lambda_o = \sqrt{\dfrac{a\sigma}{2\pi D}}$ eine charakteristische Länge, die aus den physikalischen Konstanten des Gitters berechnet werden kann, mit der Gitterkonstanten a; σ ist

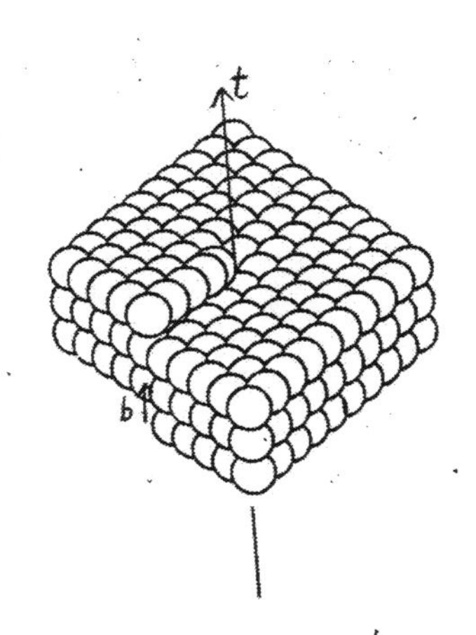

Abb. 5.5 Schraubenversetzung im Kristall mit dem Burgersvektor b

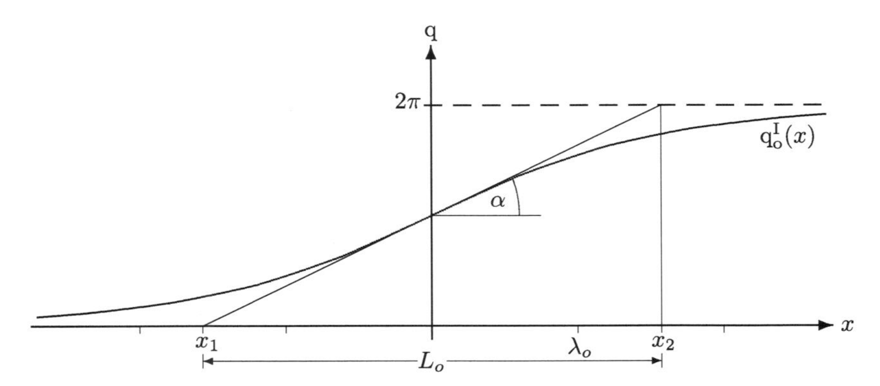

Abb. 5.6 Die kink-Lösung (5.54). Die Funktion $q_o^I(x)$ hat ihren Wendepunkt bei $x = 0$, $q_o^I(0) = \pi$. Die Tangente hat dort den Anstieg $\tan\alpha = 2\pi/L_o = 2/\lambda_o$, schneidet die x-Achse bei $x_1 = -\pi\lambda_o/2$ und die durch $q = 2\pi$ zu beschreibende Asymptote (gestrichelte Linie) bei $x_2 = +\pi\lambda_o/2$, $y = 2\pi$. Wir sehen, dass in der Tat die Auslenkung aus dem geraden Linienverlauf im Wesentlichen auf den Bereich (x_1, x_2) lokalisiert ist und damit die Quasi-Teilcheneigenschaft dieses Solitons realisiert

die sog. Linienspannung (das ist die Energie pro Längeneinheit einer geraden Störungslinie im Kristall[5]) und D die Direktionskonstante für Auslenkungen aus einer Gleichgewichtslage, s. z. B. Günther (2013). Das mit a periodische Gitter wurde in der Funktion durch $q = \frac{2\pi}{a}q$ auf die Periode 2π zurückgeführt.

Die physikalisch möglichen Linienformen im Kristall sind dadurch ausgewiesen, dass sie Lösungen dieser sine-Gordon Gleichung sein müssen. Wir geben zwei dieser Lösungen an:

1: Die statische, sog. kink-Lösung von (5.53) lautet, s. Abb. 5.6,

$$q_o^I(x) = 4\arctan\exp\left[\frac{x}{\lambda_o}\right]. \qquad \text{Lokalisierte kink-Lösung} \qquad (5.54)$$

und definiert mit $L_o = \pi\lambda_o$ eine charakteristische Länge im Gitter, Abb. 5.6.

[5] Es handelt sich hier um sog. Versetzungslinien, s. dazu Kröner (1958) sowie Hehl und Kröner (1965).

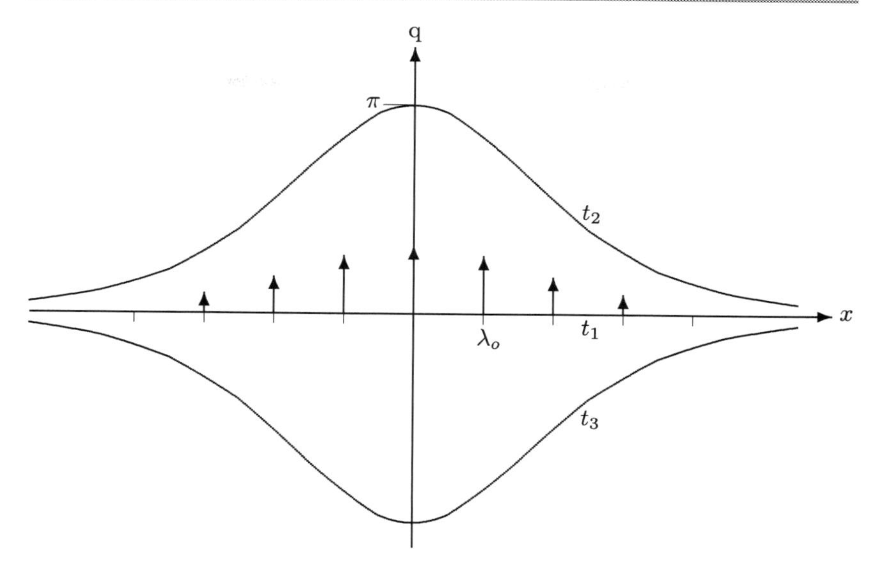

Abb. 5.7 Die bei $x = 0$ lokalisierte breather-Lösung (5.55) definiert ein Soliton, das nur dadurch existieren kann, indem die Linie ständig hin und her schwingt.

2: Die sog. breather-Lösung der sine-Gordon Gleichung (5.53) lautet, Abb. 5.7,

$$\mathrm{q}_{\mathrm{o}}^{\mathrm{III}}(x,t) = 4\arctan\frac{\sin(2\pi\, t/T_o)}{\cosh\left(x/(\sqrt{2}\,\lambda_o)\right)} \qquad \text{Lokalisierte breather-Lösung} \qquad (5.55)$$

mit einer durch das Gitter definierten Schwingungsdauer $T_o = \sqrt{2}2\pi\dfrac{\lambda_o}{c_o}$. Wir schreiben[6]

$$\gamma_o := \frac{1}{\sqrt{1 - v^2/c_o^2}}. \qquad (5.56)$$

[6]Wie in (4.1) verwenden wir hier auch für γ_o die in der Literatur gängige reziproke Wurzel. Für den Vergleich mit Günther (1996, 2013, 2020) weisen wir den Leser jedoch darauf hin, dass dort für die Wurzel der Wert γ gesetzt ist.

Die Analyse der Lösungen von (5.53) zeigt nun, und wir verweisen mathematisch interessierten Leser auf die detailliert durchgeführten Rechnungen in Günther (1996, 2020):

1. Die Kinke kann sich nur dadurch im Kristall bewegen, indem sie sich verkürzt:

Die Länge $L_v = \pi \lambda_v = L_o/\gamma_o$ der bewegten Kinke ist gegenüber der Länge L_o der ruhenden Kinke verkürzt:

$$L_v = L_o \sqrt{1 - \frac{v^2}{c_o^2}} \,. \qquad \text{„Lorentz-Kontraktion"} \qquad (5.57)$$

Die Schreibweise „Lorentz-Kontraktion“ soll andeuten, dass wir es hier *nicht* mit der Lichtgeschwindigkeit zu tun haben.

2. Der breather (5.55) kann sich nur dadurch im Kristall bewegen, indem sich seine Schwingungsdauer T_v vergrößert $T_v = T_o \gamma_o$:

Die Schwingungsdauer T_v des in Bezug auf das Gitter bewegten breathers ist gegenüber der Schwingungsdauer T_o des im Gitter ruhenden breathers (5.55) gedehnt:

$$T_v = \frac{T_o}{\sqrt{1 - v^2/c_o^2}} \,. \qquad \text{„Zeitdilatation"} \qquad (5.58)$$

Betreiben wir mit diesen Schwingungsdauern Uhren U_v und U_o, dann sind deren Zeigerstellungen t_v und t_o reziprok zu den Schwingungsdauern, so dass gilt:

Die Zeigerstellung t_v der in Bezug auf das Gitter bewegten Uhr U_v bleibt gegenüber den Zeigerstellungen t_o der im Gitter ruhenden Uhren U_o zurück:

$$t_v = t_o \sqrt{1 - \frac{v^2}{c_o^2}} \,. \qquad \text{„Zeitdilatation"} \qquad (5.59)$$

Die Gl. (5.57) und (5.58) bzw. (5.59) enthalten nach Einstein den „von Konventionen freien Inhalt" der SRT, womit wir eine innere SRT auf dem Gitter gefunden haben, aber nun mit der Schallgeschwindigkeit c_o anstelle der Lichtgeschwindigkeit. Hinsichtlich einer Ausarbeitung dieser „inneren SRT" auf dem Gitter mit einer geeigneten Definition der Gleichzeitigkeit verweisen wir auf Günther (2013).

Die vorangegangenen Ausführungen sollten auch dazu dienen, um auf eine exotische Lösung der sine-Gordon Gleichung aufmerksam zu machen und diese einzuordnen, nämlich eine Tachyon-Lösung,

$$\left.\begin{aligned} q^T(x,t) &= \frac{2a}{\pi} \arctan \exp \left[\frac{-\pi(x - \zeta\, t)}{L_o\, \kappa} \right] + \frac{a}{2} \,. \text{ Hierbei ist} \\ \kappa &= \frac{\zeta}{c_o} \sqrt{1 - \frac{c_o^2}{\zeta^2}} \end{aligned}\right\} \qquad (5.60)$$

Die Funktion $q^T(x,t)$ ist eine Lösung der sine-Gordon Gleichung (5.53), wenn die Funktion $\mathrm{q}^\mathrm{T}(\mathrm{x},\mathrm{t})$,

$$\mathrm{q}^\mathrm{T}(\mathrm{x},\mathrm{t}) = 4 \arctan \exp \left[\frac{\mathrm{x} - \mathrm{v\,t}}{\sqrt{1 - \mathrm{v}^2}} \right], \qquad (5.61)$$

eine Lösung der folgenden sine-Gordon Gleichung ist,

$$\frac{\partial^2}{\partial \mathrm{x}^2} \mathrm{q}(\mathrm{x},\mathrm{t}) - \frac{\partial^2}{\partial \mathrm{t}^2} \mathrm{q}(\mathrm{x},\mathrm{t}) = \sin \mathrm{q}. \qquad (5.62)$$

Dabei haben wir zur Vereinfachung der Rechnung noch die dimensionslosen Variablen $\mathrm{x} := \frac{x}{\lambda_o}$ mit $\lambda_o = \sqrt{\frac{a\sigma}{2\pi D}}$ [7]) und $\mathrm{t} = \frac{t}{\tau_o} = t\frac{c_o}{\lambda_o}$ eingeführt.

[7] λ_o liegt in der Größenordnung von $10^{-10} m$.

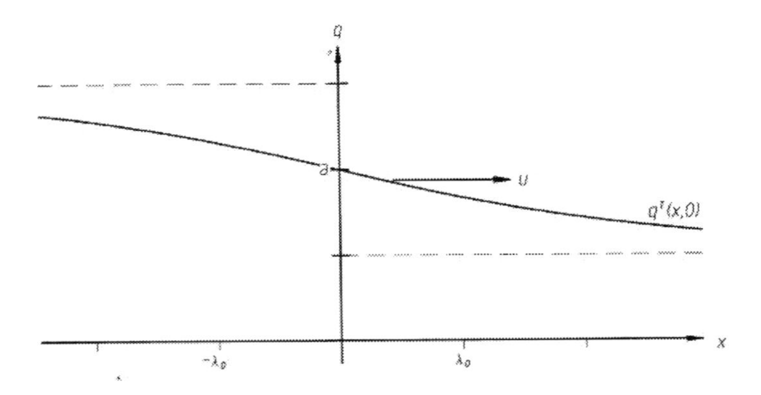

Abb. 5.8 Die Tachyonlösung $q^T(x,t) = \frac{2a}{\pi}\arctan\exp[\frac{-\pi(x-\zeta t)}{L_o\kappa}] + \frac{a}{2}$ für $t = 0$ und $\zeta = 2c_o$, gemäß Gl. (5.60)

Die Verifikation dieser Aussage durch eine sorgfältige Ausführung der Differentiationen findet der Leser in Günther (1996, 2020).

Bereits 1981 hat Eilenberger auf den Tachyonencharakter der Solitonenlösung (5.60), die von uns in Günther (1996) diskutiert wurden, aufmerksam gemacht. Welches sind die Besonderheiten dieser neuen Lösung $q^T(x,t)$ der sine-Gordon Gleichung (5.53), Abb. 5.8. Zunächst ist q^T um $a/2$ in Richtung wachsender q-Werte verschoben und befindet sich damit auf einem instabilen Maximum des Gitterpotentials.

Für die Funktion q^T gibt es im Unterschied zu den Kinken keine Ruheposition. Die Geschwindigkeit ζ, mit der sich die Figur in Richtung wachsender x-Werte bewegt, ist gemäß (5.60), prinzipiell größer als c_o

$$\zeta > c_o \quad \text{für} \quad v < c_o \ . \tag{5.63}$$

Wir wollen uns nun noch den Extremfall $\zeta \longrightarrow \infty$ ansehen. Die Lösung $q^T(x,t)$ geht dann in eine Lösung $q^T_\infty(t)$ über, für die wir mit (5.60) finden

$$q^T_\infty(t) = \lim_{u\to\infty} q^T(x,t) = \frac{2a}{\pi}\arctan\exp\left[\frac{\pi c_o}{L_o}t\right] + \frac{a}{2} \ . \tag{5.64}$$

Die entlang des Tachyons lokalisierte Linienspannung (Energie pro Längeneinheit) unterliegt simultan für alle x-Werte einer zu ihrer Ausdehnung orthogonalen Verschiebung. D. h., Gl. (5.64) beschreibt das simultane Hinübergleiten einer, entlang

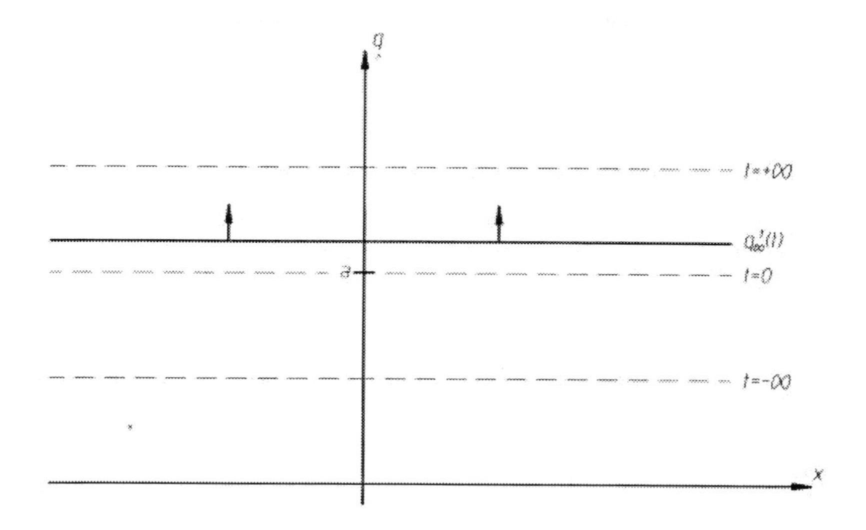

Abb. 5.9 Die Tachyonlösung (5.64), $q^T_\infty(t) = \frac{2a}{\pi}$ arctan exp $\left[\frac{-\pi\, c_0}{L_0}\, t\right] + \frac{a}{2}$. Die Grenzpositionen $t = -\infty$ und $t = +\infty$ und die Position dieser Lösung für $t = 0$ sind als gestrichelte Linien eingezeichnet. Die Pfeile zeigen die Richtung der Änderung

der x-Achse ausgerichteten, geraden Störungsline der idealen Gitterstruktur von einem Potentialberg des Gitters auf den benachbarten (wegen der Konstante $\frac{a}{2}$ in Gl. (5.64)). Bei diesem Vorgang einer plastischen Deformation erfolgt die Bewegung der beliebig weit auf der x-Achse voneinander entfernten Linienelemente exakt in derselben zeitlichen Abfolge. Durch ihre Einbettung in die Bedingungen des Kristallgitters, welche durch die sine-Gordon Gleichung berücksichtigt werden, kann eine Bewegung der gesamten Linie nur dann erfolgen, wenn ihr Spannungszustand unter Wahrung der durch das Gitter bedingten Korrelationen über beliebige Entfernungen aufrechterhalten wird. Mit dem Begriff des Tachyons können wir von diesem Vorgang sagen: Der Spannungszustand der geraden, sich fortbewegenden Störungslinie wird durch ein Tachyon realisiert, welches sich mit verschwindender Energie, aber mit einem endlichen Impuls und einer unendlichen Geschwindigkeit in x-Richtung bewegt, s. dazu Günther (1996, 2020), s. Abb. 5.9.

Wir weisen noch darauf hin, dass es in unserer physikalischen Realität eine kleinste Länge gibt, unterhalb der Entfernungen nicht mehr definiert sind. Mit der Entdeckung der physikalischen Elementarkonstanten, der Gravitationskonstante f, der Lichtgeschwindigkeit c und des Planckschen Wirkungsquantums $\hbar$

(Energie×Zeit = Wirkung), war durch die 1906 von M. Planck vorgeschlagene und nach ihm benannte sog. Plancksche Länge $l_P = \sqrt{\frac{\hbar f}{c^3}} = 1{,}6 \cdot 10^{-35}\, m$[8] (Man beachte, dass neben $\hbar$ auch die Größe $2\pi\hbar$ als Plancksche Konstante bezeichnet wird) eine absolute Grenze für Entfernungsbestimmungen definiert. Von W. Heisenberg wurde die um zwanzig Zehnerpotenzen größere, sog. Compton-Wellenlänge $\lambda_C = \frac{\hbar}{m\,c}$ eines Nukleons der Masse m als untere Schranke für die prinzipielle Messbarkeit eines geometrischen Abstandes vorgeschlagen, s. z. B. Treder (1974).

[8]Dieser Wert folgt aus der Lichtgeschwindigkeit c, der Planckschen Konstante $\hbar = 6{,}58 \cdot 10^{-16} eV s = 1{,}054 \cdot 10^{-34} J s$ und der Gravitationskonstante, $f = 6{,}67 \cdot 10^{-11} m^3 kg^{-1} s^{-2}$.

Das Einstein-Podolsky-Rosen Paradoxon

6

Wenn man, insbesondere vor dem Hintergrund einer Gitterstruktur, die Realität von Tachyonen erst einmal akzeptiert, dann geben sie uns ein einfaches Mittel in die Hand, z. B. das EPR-Paradoxon zu verstehen.

Wir betrachten die folgende, schematische Versuchsanordnung.

Ein System aus zwei identischen Elementarteilchen möge den Gesamtspin[1] $s = s_1 + s_2 = 0$ haben. Die möglichen Messwerte der Spins der beiden einzelnen Teilchen betragen $s_1 = \pm\frac{1}{2}\hbar$ und ebenso für das zweite Teilchen. Dabei ist das Ergebnis einer Spinmessung z. B. von s_1 nach den Gesetzen der Quantentheorie jeweils mit 50% Wahrscheinlichkeit $+\frac{1}{2}\hbar$ oder $-\frac{1}{2}\hbar$. Genauer ist der einzelne Messwert prinzipiell nicht vorhersagbar. Es gibt nicht ein einziges Experiment, das dieser Aussage zuwiderläuft. Mehr noch, nach der sog. Bellschen Ungleichung wird ein Experiment ausgewiesen, das darüber entscheidet, ob die klassische Mechanik oder die Quantenmechanik richtig ist. Und dieses Experiment fällt zugunsten der Quantentheorie aus, Bell (2004), Otter und Honecker (2001), Münster (2006).

Wenn nun eine Messung z. B. von s_1 den Wert $+\frac{1}{2}\hbar$ ergeben hat, dann folgt also für die Messung von s_2 zwangsläufig der Wert $-\frac{1}{2}\hbar$ gemäß der Voraussetzung, dass der Gesamtspin den Wert Null hat.

Beide Partikel sollen nun in entgegengesetzter Richtung auseinanderfliegen und keinen Wechselwirkungen ausgesetzt sein, so dass der Gesamtspin erhalten bleibt, also nach wie vor Null ist. Nach einer beliebig langen Zeit – die beide Teilchen mögen also Milliarden von Kilometern voneinander entfernt sein – werde nun der Spin s_1 gemessen und ergibt z.B. $s_1 = +\frac{1}{2}\hbar$. Das Ergebnis einer Messung von s_2 ist dann vorhersagbar: Es ergibt zwangsläufig den Wert $s_2 = -\frac{1}{2}\hbar$, weil der

[1] Der Spin ist eine im Rahmen der Quantentheorie definierte, beobachtbare Größe, die mit dem Bahndrehimpuls zu einem Gesamtdrehimpuls zusammengesetzt wird, aber nicht auf eine, im klassischen Sinne rotierende Bewegung zurückgeführt werden kann.

© Der/die Autor(en), exklusiv lizenziert durch Springer Fachmedien Wiesbaden GmbH, ein Teil von Springer Nature 2021

H. Günther, *Tachyonen*, essentials, https://doi.org/10.1007/978-3-658-33645-5_6

Gesamtspin Null sein muss. Widerspricht das nicht Einsteins Postulat, dass sich keine Wechselwirkung mit Überlichtgeschwindigkeit ausbreiten kann?

Nun, eine instantane Nachricht an den Experimentator, der den Spin s_2 misst, können wir damit nicht übermitteln. Es ist unmöglich, ihn über das Ergebnis seiner Messung, das wir kennen, augenblicklich zu informieren. Das geht nicht schneller als mit dem Licht. Beide Teilchen sind lediglich auf Grund einer in der Vergangenheit liegenden Wechselwirkung miteinander korreliert, oder verschränkt, wie man das auch nennt. Wir wissen nur, wie das Resultat der Messung von s_2 aussieht, wenn wir s_1 gemessen haben, mehr nicht. Den Zusammenhang, der zwischen den beiden Teilchen besteht, die Korrelation, erklären wir dadurch, dass beide Teilchen Tachyonen austauschen können, ohne Energie auszutauschen. In dem Moment, wo man eine Energieübertragung hat, erfolgt auch die Übermittlung einer Nachricht. Wir haben gesehen, dass das Tachyon (5.64), Abb. 5.9, eine Korrelation mit verschwindender Energie realisiert und ferner, dass es im Rahmen elastischer Wechselwirkungen von Teilchen und Tachyonen nicht zu einer Signalübertragung durch ein Tachyon kommen kann, Gl. (5.42). Das EPR Paradoxon kann man also gewissermaßen indirekt als einen Nachweis von Tachyonen ansehen. Infolge von Korrelationen befindet sich unsere Welt in einem engeren Zusammenhang, als wir das aus der klassischen Physik kennen.

Wir weisen noch darauf hin, bei den in der Quantentheorie beschriebenen Wechselwirkungen zwischen Elementarteilchen handelt es sich im Gegensatz dazu um einen Austausch von Energie, vgl. z. B. bei der Austauschwechselwirkung, die durch den Austausch von Botenteilchen beschrieben wird, s. z. B. Heisenberg und Pauli (1929).

7 Schrödingers Katze

In Ergänzung zu unserer eigentlichen Thematik wollen wir abschließend noch „Schrödingers Katze" betrachten, dem wohl mit den meisten Emotionen beladenen Paradoxon, welches die Quantentheorie zu Fall bringen sollte.

Zunächst eine prinzipielle Bemerkung: Die Quantentheorie gilt für alle physikalischen Systeme und nicht nur im atomaren oder subatomaren Bereich, wo allerdings allein ihre spektakulären Effekte sichtbar werden. Nur wird eben für makroskopische Systeme mit der Quantentheorie nichts gegenüber der klassischen Physik gewonnen.

Wir betrachten noch einmal ein Teilchen, dessen Spin zwei Werte annehmen kann, $s = +\frac{1}{2}\hbar$ und $s = -\frac{1}{2}\hbar$.

Eine Messung des Spins möge nun $s = +\frac{1}{2}\hbar$ ergeben.

Die klassische Physik behauptet, das Teilchen hatte vor der Messung diesen Wert $s = +\frac{1}{2}\hbar$, und wir haben das durch die Messung nur festgestellt. Das Ergebnis dieser Messung wäre dann vorhersagbar.

Die Quantenmechanik behauptet dagegen, das Teilchen befindet sich vor der Messung in einem Zustand, den wir $|\psi >$ nennen wollen, der sich zu gleichen Teilen aus zwei Zuständen zusammensetzt, nämlich $|\psi_1 >$ und $|\psi_2 >$, wobei $|\psi_1 >$ den Spin $+\frac{1}{2}\hbar$ besitzt und $|\psi_2 >$ den Spin $-\frac{1}{2}\hbar$. Für den Zustand vor der Messung schreibt man $|\psi >= |\psi_1 > + |\psi_2 >$ und nennt das ein Gemisch aus den beiden Einzelzuständen. Bei einer Messung mit dem Ergebnis $s = +\frac{1}{2}\hbar$ wird jetzt der Zustand $|\psi_1 >$ *erzeugt* und nicht *festgestellt*. Mit der oben erwähnten Bellschen Ungleichung wird experimentell nachgewiesen, dass nicht die klassische, sondern die quantentheoretische Beschreibung richtig ist, für eine ausführliche und doch knappe Darstellung der Quantentheorie s. Günther (2013), Günther · Müller (2019).

Für Schrödingers vermeintliches Paradoxon betrachten wir nun folgende Situation: In einem Kasten befindet sich ein instabiles Teilchen mit einer mittleren

© Der/die Autor(en), exklusiv lizenziert durch Springer Fachmedien Wiesbaden GmbH, ein Teil von Springer Nature 2021
H. Günther, *Tachyonen*, essentials, https://doi.org/10.1007/978-3-658-33645-5_7

Lebensdauer ℓ, z. B. $\ell = 10s$. D. h., im Mittelwert über sehr viele Beobachtungen zerfällt das Teilchen nach $10s$ und soll dabei z. B. ein Photon aussenden. Im Einzelfall kann es schon nach einer Sekunde zerfallen oder auch erst nach einer Stunde. Man beachte, dass die Situation hier eine ganz andere ist als bei den beiden Spinzuständen. Hier passiert eine Emission, unabhängig davon, ob wir sie feststellen oder nicht, während dort der Spinzustand durch die Messung erst erzeugt wird.

Nach dem Vorschlag von E. Schrödinger soll sich nun in dem Kasten eine Katze befinden. Wenn das Photon emittiert wird, soll ein Mechanismus ausgelöst werden, der z. B. mit einer Dosis Blausäure die Katze tötet.

Die Quantenmechanik ist auch auf das System Katze plus Teilchen in dem Kasten anwendbar. Da sich das Teilchen mit einer bestimmten Wahrscheinlichkeit in dem Zustand befindet, wo das Photon ausgesandt wurde oder noch nicht, was dann die Katze getötet hat oder eben noch nicht, können wir also auch von der Katze sagen, dass sie mit einer bestimmten Wahrscheinlichkeit lebt oder tot ist, wenn wir nicht in den Kasten hineinsehen können.

Die Feststellung, ob die Katze lebt oder nicht, ist aber nun eine absolut klassische Aussage, die richtig oder falsch ist und nicht erst durch den Messprozess erzeugt wird.

Wir haben es hier in dem Kasten mit einem instabilen Teilchen zu tun, das nach einer nicht vorhersagbaren Zeit zerfällt. Quantenmechanisch wird dies durch eine bestimmte Wellenfunktion beschrieben.

Der Zerfallsvorgang passiert unabhängig davon, ob wir hinsehen oder nicht. Ebenso wie der Mond auch nicht dadurch entsteht, dass wir ihn beobachten – jedenfalls nicht in der Weltanschauung des Autors. Wir haben bloß keine Kenntnis davon, wenn wir nicht nachsehen.

Wir können den exakten Zeitpunkt des betrachteten Zerfalls nicht berechnen, weil der durch die quantenmechanische Statistik bestimmt wird. Wir wissen nur, dass er passiert. Wenn der Zerfall eintritt soll nun ein Prozess ausgelöst werden, bei dem die arme Katze stirbt. Wenn die Katze nun denn ihre tödliche Spritze bekommt, miaut sie vielleicht und ist dann tot. Und auch dieser Vorgang vollzieht sich unabhängig davon, ob wir ihn beobachten oder nicht, ob wir also messen oder nicht – ein normales makroskopisches Phänomen. Die Ungewissheit über Leben oder Tod der Katze ist – eben anders als beim EPR Paradoxon – allein eine Ungewissheit unseres Wissens, weil wir vielleicht gerade nicht hingesehen haben. Es gibt hier keinen Messprozess, der aus einer Mischung von Zuständen das Resultat erst erzeugt. Ein Paradoxon sehen wir hier nicht.

Was Sie aus diesem *Essential* mitnehmen können

- Das Licht definiert eine Grenzgeschwindigkeit, die nicht überschritten werden kann
- Diese Geschwindigkeit hat in allen Inertialsystemen denselben Wert
- Das begründet Einsteins Relativitätsprinzip, aus dem er seine Spezielle Relativitätstheorie hergeleitet hat
- Wir geben eine andere, dazu äquivalente Begründung der Relativitätstheorie
- Dabei weisen wir darauf hin, dass die Gleichzeitigkeit eine Definition ist, die wir also einem Problem anpassen können
- Wir untersuchen den Gang einer bewegten Uhr und die Länge eines bewegten Stabes
- Wir lernen die Lorentz-Transformation kennen
- Wir analysieren die Zusammensetzung von Geschwindigkeiten und verstehen dabei Einsteins berühmtes Additionstheorem
- Wir verstehen die Energie-Masse-Äquivalenz mithilfe eines Gedankenexperimentes nach Tolman, das einen mechanische Stoßprozess untersucht
- Die Geschwindigkeiten von Teilchen mit einer nicht verschwindenden Ruhmasse sind in jedem Inertialsystem kleiner als die Lichtgeschwindigkeit
- Partikel mit Überlichtgeschwindigkeit, sog. Tachyonen, besitzen in jedem Inertialsystem Überlichtgeschwindigkeit
- Die Übertragung eines Signals über eine Distanz kann maximal mit Lichtgeschwindigkeit erfolgen
- Ein Tachyon überbringt keine Nachricht, sondern stellt einen Zusammenhang her, eine Korrelation
- Auf dieser Basis verstehen wir das Einstein-Podolsky-Rosen Paradoxon
- Auf Gitterstrukturen, wie wir sie in kristallinen Festkörpern vorfinden, betrachten wir linienartige Defekte
- Diese Defekte werden durch die sog. sine-Gordon Gleichung beschrieben

© Der/die Herausgeber bzw. der/die Autor(en), exklusiv lizenziert durch Springer Fachmedien Wiesbaden GmbH, ein Teil von Springer Nature 2021

H. Günther, *Tachyonen*, essentials, https://doi.org/10.1007/978-3-658-33645-5

- Lösungen dieser Gleichung können als Quasiteilchen verstanden werden
- Eine spezielle Klasse von Lösungen dieser Gleichung erkennen wir als Quasitachyonen - Tachyonen in bezug auf das Gitter
- Zusätzlich zu unserer Tachyonenthematik geben wir eine einfache Erklärung für das berühmte Gedankenexperiment mit Schrödingers Katze

Literatur

Bell, J. S.: *Speakable and Unspeakable in Quantum Mechanics*. Cambridge: Cambridge University Press (2004).

Bleyer, U., Gottlöber, S., Hauboldt H.-J., Hempelmann, A., Mücket, J.-P., Müller, V. und Stoll, D.: *Zur Geschichte der Theorie der Lichtaus-breitung*. Leipzig: J. A. Barth. Die Sterne **55** (1979).

Brockhaus abc Physik: Leipzig: VEB F. A. Brockhaus Verlag (1972).

Cohen, I. B.: *Roemer and the first determination of the velocity of light (1676)*. Chicago: Isis. History of Science Society. **31** (1940) 327.

Eilenberger, G.: *Solitons: Mathematical Methods for Physicists*. Berlin, Heidelberg: Springer-Verlag (1981).

Einstein, A.: *Zur Elektrodynamik bewegter Körper*. Leipzig: Ann. Phys. **17** (1905) 891. Abgedruckt in Lorentz, H. A., Einstein, A., Minkowski, H.: *Das Relativitätsprinzip*. Stuttgart: Teubner-Verlag (1958), 1. Auflage 1913.

Einstein, A.: *Ist die Trägheit eines Körpers von seinem Energieinhalt abhängig?*. Leipzig: Ann. Phys. **18**(1905) 639. Abgedruckt in Lorentz, H. A., Einstein, A., Minkowski, H.: *Das Relativitätsprinzip*.

Einstein, A.: *Grundzüge der Relativitätstheorie*. erw. Aufl. der *Vier Vorlesungen über Relativitätstheorie*. Berlin·Heidelberg: Springer-Verlag (2009) (Einsteins abgedruckte Originalarbeit von 1922.)

Feinberg, G.: *Possibility of Faster-Than-Light Particles*. Phys. Rev. **159** (1967) 1089.

Gerthsen, C.: *Physik*. Berlin: Springer-Verlag (2015).

Greiner, W./J. Rafelski. *Spezielle Relativitätstheorie*. Frankfurt am Main: Harry Deutsch Verlag (1992).

Günther, H./Müller, V.: *Relativitätstheorie von A bis Z*. Leipzig: Edition am Gutenbergplatz (2013).

Günther, H.: *Grenzgeschwindigkeiten und ihre Paradoxa. Gitter · Äther · Relativität*. Stuttgart·Leipzig: Teubner-Verlag (1996).

Günther, H.: *Raum und Zeit - Relativität*. Leipzig: Edition am Gutenberg- platz (2005).

Günther, H.: *Die Spezielle Relativitätstheorie*. Wiesbaden: Springer-Verlag (2013).

© Der/die Herausgeber bzw. der/die Autor(en), exklusiv lizenziert durch Springer Fachmedien Wiesbaden GmbH, ein Teil von Springer Nature 2021

H. Günther, *Tachyonen*, essentials, https://doi.org/10.1007/978-3-658-33645-5

Günther, H., Müller, V.: *The Special Theory of Relativity*. Singapore: Springer-Verlag 2019. Revised and extended edition of Günther, H. (2013).

Günther, H.: *Elementary Approach to Special Relativity*. Singapore: Springer Nature (2020).

Hehl, F. W. und E. Kröner: *Zum Materialgesetz eines elastischen Mediums mit Momentenspannungen*. Berlin: Walter de Gruyter. Z. Naturf. **20**a, Heft 3, (1965) 336.

Heisenberg, W. and W. Pauli: *Zur Quantendynamik der Wellenfelder* . Berlin-Heidelberg: Zeitschrift f. Physik. **56** (1929) 1.

Kittel, C.: *Einführung in die Festkörperphysik*. München· Wien: R. Oldenburg Verlag 1969.

Kröner, E.: *Kontinuumstheorie der Versetzungen und Eigenspannungen.* Berlin · Göttingen · Heidelberg: Springer-Verlag (1958).

Joos, G.: *Lehrbuch der Theoretischen Physik*. Zehnte, bearbeitete Aufl. Leipzig: Akademische Verlagsgesellschaft Geest & Portig K.-G. Zweites Buch, **6** (1959) 238.

Liebscher, D.-E.: *Tachyons in bi-metric theories of gravitation*. Leipzig: Ann. Phys. **32** (1975), 363.

Liebscher, D.-E.: *The Geometry of Time*. Weinheim: Wiley-VCH Verlag (2005).

Lorentz, H. A., Einstein, A., Minkowski, H.: *Das Relativitätsprinzip*. Stuttgart: Teubner-Verlag (1958), 1. Auflage 1913.

Münster, G.: *Quantenmechanik*. Berlin · New York: Walter de Gruyter (2006).

Otter, G. und R. Honecker: *Atome – Moleküle – Kerne. Band III Atome: Fragen und Antworten.* Stuttgart · Leipzig · Wiesbaden: Teubner-Verlag (2001).

Poincaré, H.: Rev. Métaphys. Morale, **6** (1898), 1. Dt. Übersetzung in Poincaré (1910). *Das Maß der Zeit. Der Wert der Wissenschaft.* Leipzig: B. G. Teubner (1898/1906).

Poincaré, H.: *Sechs Vorträge aus der Reinen Mathematik und Mathe-matischen Physik.* Leipzig: Teubner-Verlag (1910).

Rømer, O.: *Démonstration touchant le mouvement de la lumière trouvé par M. Rømer*. Paris: Le Journal de Sçavant, (1676) 233.

Tolman, R. C.: *Non-Newtonian Mechanics. The Masss of a Moving Body*. wikisource.org.

Treder, H.-J.: *Philosophische Probleme des physikalischen Raumes*. Berlin: Akademie-Verlag (1974).

Stichwortverzeichnis

© Der/die Herausgeber bzw. der/die Autor(en), exklusiv lizenziert durch Springer Fachmedien Wiesbaden GmbH, ein Teil von Springer Nature 2021
H. Günther, *Tachyonen*, essentials, https://doi.org/10.1007/978-3-658-33645-5

I

J

K

L

M

N

O

P

R

S

T

U

V

W

Z

springer-spektrum.de

}essentials{

Helmut Günther

Das Zwillingsparadoxon

Springer Spektrum

Jetzt im Springer-Shop bestellen:
springer.com/978-3-658-31461-3

Printed in the United States
by Baker & Taylor Publisher Services